神奇的
不老莓

丛峰松　编著

上海交通大学出版社
SHANGHAI JIAO TONG UNIVERSITY PRESS

内容提要

本书用简明易懂的语言介绍了不老莓的来源、植物学特性、主要活性成分和药理作用，以及不老莓预防和治疗慢性病的临床效果观察。

本书可供农业、食品和生物医药领域研究人员参考，也是广大群众了解不老莓与健康关系的一本融学术性、知识性、可读性为一体的通俗科普读物。

图书在版编目（CIP）数据

神奇的不老莓/丛峰松编著. —上海：上海交通大学出版社，2019（2025重印）
ISBN 978-7-313-21143-9

Ⅰ. ①神… Ⅱ. ①丛… Ⅲ. ①花楸—基本知识 Ⅳ. ①S792.25

中国版本图书馆CIP数据核字（2019）第064738号

神奇的不老莓

编　　著：丛峰松
出版发行：上海交通大学出版社　　地　　址：上海市番禺路951号
邮政编码：200030　　电　　话：021-64071208
印　　制：上海锦佳印刷有限公司　　经　　销：全国新华书店
开　　本：710mm×1000mm　1/16　　印　　张：9.25
字　　数：85千字
版　　次：2019年4月第1版　　印　　次：2025年1月第6次印刷
书　　号：ISBN 978-7-313-21143-9
定　　价：58.00元

序

认识不老莓

我的大半生时间都在搞企业经营，生活或者事业当中难免遇到各种困惑，偶尔也会静下心来思考与领悟那个千万人探寻、给出了无数答案的问题——生命的意义是什么？我非哲人，只能按照自身经历和认知，去认同一个答案，那就是生命存在的意义在于万物共存，利己利他。自然造物万千，以大地为载体，以生命共生为形式，以生命脉动为灵魂，生长盎然，凋敝有序，是为自然。人类社会的进步推动着文明的高速发展，但也扰起了阵阵尘埃。在与自然生命的共生中，人类如何便利地利用身边的资源，让生命免受疾病的困扰，使生命焕发出勃勃生机，这原是医学或生命科学领域的事情，但自从了解了“不老莓”，我有了不一样的认识，那就是我也可以通过自身的努力，向他人“传递”健康，以实现“利他”的生命意义。

一个是搞科研的、一个是搞企业的，我与丛博士相识、相知并成为朋友，皆源于“不老莓”。一株普通的灌木、一粒普通的果实，好像注定了要默默无闻。人们赞美它春季雪白的花海、惊叹它秋日满目的红叶，而它酸涩的果实却不

被人关注。但就是在这小小的黑色果实中，却蕴藏着惊人的健康价值。如果不是从生命科学的角度去探索，不老莓充其量只是一种耐严寒、耐干旱，在极端地理条件下充当绿化角色的植物。随着科学研究的深入扩展，不老莓的生命健康价值不断显现，一种便利的膳食健康方式必将大行其道。在《神奇的不老莓》一书中，丛博士以严谨的科学态度引领你认识“不老莓”，从而让不老莓走进千家万户的生活，让“不老莓”普惠亿万生命的健康。我以朋友身份为本书作序，更缘于我结识不老莓后，对其健康价值的亲身感知。愿你走近不老莓，愿生命与健康零距离。

姜雯戈

2019年3月5日于辽宁辽阳弓长岭

前 言

氧化应激是一种生理状态，被认为是形成许多疾病的先决条件，包括心血管疾病（CVD）、中风和神经退行性疾病，如阿尔茨海默病和帕金森病。氧化应激引起的损伤会影响所有器官系统。例如，低密度脂蛋白氧化是动脉粥样硬化的第一步，进而导致心血管疾病；DNA氧化是诱变的基础，并可能成为癌变之诱因。

越来越多的证据表明，摄入植物性食品越多，动脉硬化和氧化应激相关疾病的发病风险越低。膳食中摄入的大多数抗氧化剂来自植物，最丰富的来源是草药、谷物、水果和蔬菜，它们富含多酚物质、类胡萝卜素、维生素C和维生素E，这些物质具有良好的抗氧化活性。多酚是膳食中最丰富的抗氧化剂，也是植物界最大的化合物群之一。过去的几十年中，多酚类化合物受到了广泛关注，并且由于其抗氧化特性的有益效果而成为人们深入研究的对象。

黑果腺肋花楸是一种鲜为人知的浆果，俗称"不老莓"，原产于北美东部，大约在1900年移植到欧洲，20世纪60年代，苏联将这种植物确定为一种栽培品种。在欧洲，不老莓主要用于制作果汁、果泥、果酱、果冻和葡萄酒，并用做

重要的食品着色剂或营养补充剂。

人们认为这种水果是一种重要的抗氧化剂来源，尤其是多酚，如酚酸（新绿原酸和绿原酸）和类黄酮（花青素、原花青素、黄烷醇和黄酮醇）。不老莓浆果由于含有这些生物活性成分且含量高，因此具有各种各样积极的功能，例如它具有强抗氧化活性和对医疗和治疗有潜在的益处（胃保护、肝保护、抗增殖或抗炎活性）。此外，由于它们对血脂、空腹血糖和血压水平具有调节作用，因此其还有助于预防慢性疾病，包括代谢紊乱、糖尿病和心血管疾病。

到目前为止，国内还没有专门介绍不老莓相关知识的著作。为了推广和普及不老莓知识，同时为了帮助消费者增加和扩大对健康浆果的选择范围，本书结合最新的科学研究，着重阐述了不老莓种植药理活性与临床实验，以期供广大消费者和科研工作者参考，从而利用好大自然赐予人类的这一神奇物种。

最后，感谢不老莓生命技术（上海）有限公司在推动我国不老莓产业发展过程中所作出的突出贡献；特别感谢江苏全民安科技发展有限公司常科伟先生和香港金筑品健康管理有限公司黄长根先生对本书出版的支持；感谢我的研究生罗安玲、陈心馨和李佳洛在材料整理方面所作的贡献；也感谢上海交通大学出版社杨迎春和其他老师在此书编辑、排版、印制过程中的辛勤付出。

2019年3月于上海交大

目 录

第 1 章

不老莓
——一种神奇的果实

近年来，人们越来越关注天然来源的抗氧化剂在预防慢性疾病中的应用。水果和蔬菜在预防退行性疾病方面的基本营养益处使得各种浆果及其成分引起科学家和消费者的关注。其中许多水果，包括花楸果，在欧洲和北美民间医学应用中有悠久的传统。

腺肋花楸果实，俗称“不老莓”，属于蔷薇科苹果亚科腺肋花楸属。它可以分成两个品种：黑果腺肋花楸（黑色不老莓）和红果腺肋花楸（红色不老莓）。腺肋花楸中用于水果生产的品种主要来自黑果腺肋花楸。

如今，不老莓得到了广泛的利用，人们将其用于生产营养食品（营养补充剂）以及天然食品着色剂。

1.1 植物学背景和栽培

不老莓原产于北美东部和加拿大东部。美洲原住民曾用不老莓的果实治疗感冒。在美国，用于生产水果的主要不老莓品种有“Viking”和“Nero”两种。与野生不老莓相比，商业品种更大、更甜、产量更高。

20世纪初，俄罗斯人开始在西伯利亚寒冷地区种植这种作物，供应欧洲的食品工业，后来这种植物扩散到了俄罗斯各地。20世纪上半叶，不老莓传到了其他欧洲国家，如东欧国家（在波兰，其目前栽种面积约为1 600公顷，

产量为14 000～15 000吨）、德国、芬兰、瑞典和挪威。除了“Viking”（芬兰）和“Nero”（捷克共和国）这两个品种之外，还有一些其他的重要商业栽培变种，如“Aron”（丹麦）、“Galichanka”（波　兰）、“Hugin”（瑞　典）、“Rubina”（俄罗斯）或“Fertdi”（匈牙利）。

不老莓灌木可以长到2～3米的高度，在5月至6月每株不老莓会开出大约30朵小白花，成熟后结鲜红色浆果（红色不老莓）或紫黑色浆果（黑色不老莓）。不老莓浆果直径约为6厘米，重为0.5～2克，最早可以在7月中旬成熟，但大部分在8月成熟。在8月至9月人们利用机器采摘果实。一旦植物成熟，预计在五年内每公顷可以收获5～12吨果实。如果要使浆果重量和花青素含量达到最高水平，则9月初是最佳的收获日期。

施肥量对黑色不老莓果实品质参数的影响表明，增加施肥量会促进生长，提高产量，而色素含量和总酸度降低。

成熟不老莓的味道很甜，不老莓栽培品种中的还原性糖含量从8%（“Viking和Nero”）到12%（“Hugin”）不等。由于原生浆果味涩，有苦杏仁味，因此，尽管它自20世纪40年代以来在俄罗斯被认定为“功能保健食品”，但纯不老莓产品并不是特别受欢迎。

目前，在欧洲的不同地区不老莓主要通过加工，单独或与其他水果一起用于制作果汁、果酒、糖浆、茶、提神饮料以及酸奶等产品。此外，像果渣这样的副产品是生物活性成分的重要来源，可与浆果媲美。

1.2 化学成分

不老莓的成分取决于一系列因素，如品种、施肥、浆果成熟度、收获日期或生长地点。浆果或鲜榨果汁的化学成分与其他浆果的区别在于山梨醇和多酚含量高。不老莓浆果的干物质含量在17%～29%范围内，其中5%～10%是不溶于水的物质。浆果、果汁和果渣的详细成分见表1–1，表中花色苷由4种成分组成，分别为花青素–3–半乳糖苷（占68.9%）、花青素–3–阿拉伯糖苷（占27.5%）、花青素–3–木糖苷（占2.3%）、花青素–3–葡萄糖苷（占1.3%）。

表1–1　腺肋花楸浆果和果汁的化学成分

成分明细	浆果	果汁	果渣
	g/100 g		
干物质	17～29		
膳食纤维	5.62		
果胶	0.3～0.6		
有机酸	1～1.5		
pH值	3.3～3.9		
还原糖	16～18		
脂肪	0.14		

（续表）

成分明细	浆　果	果　汁	果　渣
	g/100 g		
蛋白质	0.7		
矿物质类维生素	0.58		
苦杏仁苷	0.020 1	0.005 7	0.052 3
总多酚	3.44 ～ 7.849		
原花青素	5.18	1.579	8.192
花色苷	3.992 ～ 5.182	1.173	1.837
绿原酸	0.302	0.416	0.204
新绿原酸	0.291	0.393	0.169
槲皮素	0.071		

引自中国农业大学籍保平教授所著《花楸成分分析与功能应用》，略有删改。

1）膳食纤维

膳食纤维是一种多糖，它既不能被胃肠道消化吸收，也不产生能量。因此，膳食纤维曾一度被认为是一种“无营养物质”而长期得不到足够的重视。

然而，随着营养学和相关科学研究的深入发展，人们逐渐发现了膳食纤维具有相当重要的生理作用。比如：

（1）润肠通便，改善便秘；

（2）控制体重，预防超重和肥胖；

（3）降低胆固醇，预防心血管疾病；

（4）预防结肠癌；

（5）降血糖；

（6）促进重金属及有毒物质的吸附和排泄；

（7）促进钙、铁、镁等矿物质元素的吸收。

目前，膳食纤维已被列入继水、蛋白质、脂肪、碳水化合物、矿物质、维生素之后，能够调节人体生理机能的“第七大营养素”。因此，开展膳食纤维的研究对提高我国人民的健康水平是非常必要和紧迫的任务，具有重要的现实意义。

不老莓浆果含有丰富的膳食纤维，相当于5.62 g/100 g鲜重（FW）。通过核磁共振波谱法（nuclear magnetic resonance spectroscopy, NMR）鉴定发现，腺肋花楸的膳食纤维粉末成分包括微晶纤维素、果胶、木质素、角质状聚合物和缩合单宁。不老莓果渣制剂被认为是膳食纤维的优质来源，可以作为重金属镉离子吸附剂。从浆果中获得的纤维粉末含有大量的花色素苷。由于花色素苷螯合了金属镉离子，减少了肝脏和肾脏中镉的积累和毒性，从而可能预防镉对机体造成的损害。

2）有机酸

与其他浆果相比，不老莓浆果有机酸的总含量相对较低，占鲜重（FW）的1%～1.5%。研究发现来自不同地点不同品种制备的鲜榨果汁中酸的总量在5～19 g/L范围内，主要成分是左旋苹果酸和柠檬酸。

3）糖

研究发现，新鲜不老莓中还原糖的含量在16%～18%范围内。鲜榨果汁经鉴定含有葡萄糖（范围：30～

60 g/L；平均值：41 g/L）和果糖（范围：28 ～ 58 g/L；平均值：38 g/L）。在几乎所有研究的水果和浆果中，不老莓山梨糖醇含量是最高的，在鲜榨果汁中平均含量为80 g/L，在巴氏杀菌果汁中为56 g/L。山梨糖醇提供的热量虽然与蔗糖相近，但食用后不转化为葡萄糖，不需要胰岛素参与代谢，在体内被缓慢吸收，所以不升高血糖值，特别适合糖尿病人食用。目前，山梨糖醇作为一种糖替代品，通常用于减肥食品中，被认为是一种非刺激性泻药。在医疗上，山梨糖醇用于治疗脑水肿及颅内压增高、青光眼的眼内压增高，也用于治疗心肾功能正常的水肿、少尿。

4）矿物质和维生素

不老莓新鲜果汁中矿物质含量在300 ～ 640 mg/100 mL范围内。不老莓果汁中钾和锌的平均含量相对较高。经检测发现，鲜榨果汁中维生素B_1（25 ～ 90 μg/100 mL）、维生素B_2（25 ～ 110 μg/100 mL）、维生素B_6（30 ～ 85 μg/100 mL）、维生素C（5 ～ 100 mg/100 mL）、泛酸（50 ～ 380 μg/100 mL）和烟酸（100 ～ 550 μg/100 mL）的含量较高。除了这些成分之外，β-胡萝卜素和β-隐黄质的含量也相对较高。

5）酚类成分

酚类化合物是植物中最重要且分布最广泛的次生代谢物质之一，不仅对植物的品质、色泽、风味和抗逆性有一定影响，而且具有天然的抗氧化活性，已成为当今国内外研究开发的热点。

酚类化合物是不老莓中最重要的成分，也是其具有许多药用特性的主要原因。不老莓浆果富含花色素苷、原花青素和羟基肉桂酸，还包括黄酮醇（槲皮素）和黄烷-3-醇类（表儿茶素）等次要成分，目前已经确定了不同品种不老莓浆果的总酚含量范围为从3 440 mg/100 g到高达7 849 mg/100 g。在下面的章节中我们就它们的成分和生理作用进行详细讨论。

第 2 章

不老莓的
主要活性物质

不老莓物种处于水果和浆果物种的顶端，是植物中抗氧化活性最高的浆果之一。不老莓含有极其丰富的酚类植物化学物质。酚类成分的高含量和多样形式似乎是其潜在药用和治疗作用的原因。除了多酚类化合物外，不老莓浆果还富含生物活性成分，如维生素（维生素C和维生素E）、矿物质元素（钾、钙和镁）、类胡萝卜素、果胶、有机酸和少量碳水化合物。

2.1 多酚是不老莓的主要活性成分

植物多酚（plant polyphenol）是一类广泛存在于植物体内的具有多元酚结构的次生代谢物，主要存在于植物的皮、根、叶、果中。狭义上认为植物多酚是单宁（tannins）或鞣质，其相对分子质量为500～3 000；广义上，植物多酚还包括小分子酚类化合物，如花青素、儿茶素、槲皮素、没食子酸、鞣花酸、熊果苷等天然酚类。植物多酚一般为红棕色粉末，气微、味涩，溶于水和大多有机溶剂。植物多酚存在于植物的叶、壳、果肉以及种皮中，其含量仅次于纤维素、半纤维素和木质素。

多酚物质的种类很多，结构各异，其生物利用率、抗氧化性及对人体的影响也有差异。多酚类物质按结构大致可分为类黄酮、芪、酚酸和木酚素。目前科学界已经分离鉴定

出八千多种多酚类物质。许多植物都包含这种化合物，并且以类黄酮、酚酸、儿茶素、花青素、异黄酮、槲皮素和白藜芦醇最常见。很多研究结果证实这些化合物对人体健康有积极的影响。

人体自身不能产生多酚，植物是获取多酚的唯一来源，适量补充人工提炼的多酚非常必要。水果和蔬菜以及茶（尤其是绿茶）是多酚类化合物的重要来源。在水果中，以草莓、蓝莓、黑莓、红莓、巴西浆果和覆盆子的多酚含量最高。这些营养素的其他重要来源还包括苹果、石榴、樱桃、葡萄、梨和李子；在蔬菜中，卷心菜、花椰菜、洋葱、香菜和芹菜是各种多酚类化合物的最佳来源。除了这些食品以外，还可以在红葡萄酒、咖啡、茶、巧克力、橄榄油、豆子，以及核桃、杏仁、花生、榛子和开心果等坚果中找到这些多酚。

多酚的重要功能是抗氧化，清除自由基。自由基是由

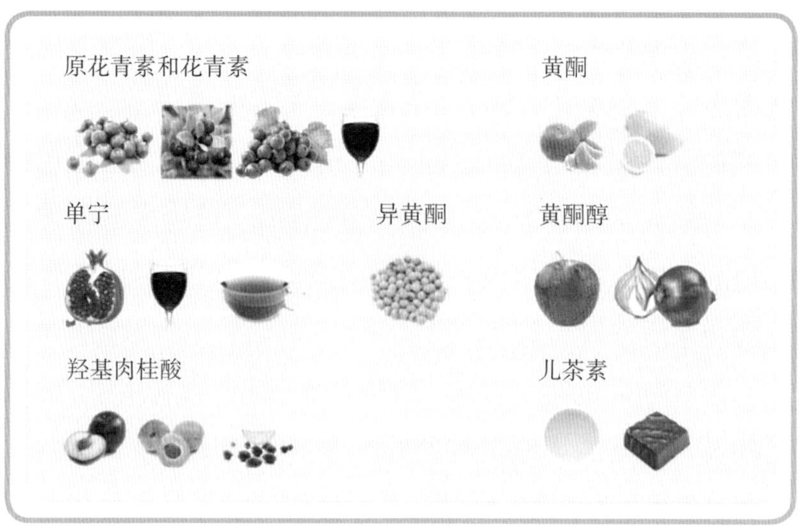

氧化反应而产生的对身体有害的物质。它几乎攻击体内的所有细胞，使人体组织、器官遭到破坏，加速机体衰老和致病。自由基过多可引起心脑血管疾病，诱发肿瘤，引起阿尔茨海默病、白内障、糖尿病、肝病、帕金森病、免疫力低下等。

植物多酚是天然的抗氧化剂，是国际公认的、迄今为止已知物质中最强的自由基清除剂。由于多酚结构本身有多个共轭双键，即使某些位置的电子被自由基抢走，靠共轭效应也能使分子结构稳定从而保护细胞，其具有清除多种自由基的功能。多酚化合物的共同特点是具有良好的抗氧化活性，能与维生素C、维生素E和胡萝卜素等其他抗氧化物一起在体内发挥抗氧化功效，清除危害人体健康的坏分子——自由基。同时，多酚类化合物还具有螯合金属离子的能力，能够络合催化氧自由基产生的金属离子，阻断自由基的产生。

从预防心脑血管疾病来说，多酚能降低低密度脂蛋白。从抗衰老来说，它可以预防自由基攻击细胞。从抗皮肤衰老来说，它可以预防紫外线破坏胶原蛋白的合成作用。

大多数有关黑果腺肋花楸化学成分的文献资料都提到黑果腺肋花楸的浆果富含与药理相关的化合物。多酚，尤其是花青素和原花青素，是黑色不老莓果实中的主要生物活性成分。这些化合物对植物的抗氧化性能起作用。其他酚类物质包括绿原酸和新绿原酸，以及少量单宁。

黑果腺肋花楸被认为是多酚的重要来源，是非常重要的食品抗氧化剂。

经测定，不老莓中的总多酚（TP）高于许多其他有名的浆果，包括蓝莓、红覆盆子、红醋栗、草莓和黑莓[1]。研究表明，黑果腺肋花楸中TP的含量是黑莓的2～4倍，蓝莓的4倍，红覆盆子的3～8倍，草莓的10倍。

不老莓浆果的最佳贮藏温度为3℃。在不同的生长季节，由于气温、阳光和降雨强度不同，不老莓浆果总多酚含量有非常大的变化和差异。较高的温度和明亮的日照时间能产生与花青素相关的高TP含量。

为了获得最大的多酚产量，栽培品种的选择是一个非常重要的因素。品种不同，多酚含量差异明显。

通过测定不老莓浆果和不同类型产品（如果渣或加工果汁）的多酚含量和酚类物质，发现与果汁或浆果相比，果渣中酚类含量最高。果渣中多酚的平均浓度是果汁的5倍。

Samoticha等人[2]研究了冷冻干燥、真空干燥、对流干燥和微波干燥等不同干燥方法对不老莓质量的影响。结果表明，与新鲜水果相比，生物活性化合物含量最高的是冻干样品。因为含有酚类物质，所以干燥过程中空气温度的升高会降低干燥产品的质量。

通过煎煮和浸泡制备的不老莓干、欧洲越橘干和黑醋栗干果茶的酚类分析表明，不老莓茶中多酚类物质的浓度最高，其次是欧洲越橘和黑醋栗茶。

Ramić 等人[3]研究了不同超声条件对提取总酚类物质最大产率的影响，发现最佳提取工艺条件是超声功率为200 W、温度为70℃，提取时间为80分钟。

2.2 不老莓中的类黄酮化合物

类黄酮（flavonoids）属于多酚类化合物家族，广泛存在于各类植物之中，参与植物生长发育、防御病原或天敌的侵袭过程。人们很早就认识到类黄酮物质具有抗氧化、消炎、抗过敏、抑菌和抗病毒、肝保护、抗血栓、抗癌等活性作用。

类黄酮物质生物学作用及其机制的研究已成为目前营养学研究领域内的热点之一，一些营养学家已将类黄酮物质归入植物营养素（phytonutrients）的范畴。

在不老莓化合物药理上得到最重要和最广泛研究的是类黄酮，其主要代表是原花青素和花青素，此外还有少量黄酮醇和黄烷醇。

2.2.1 原花青素

原花青素（procyanidins, PC）是一类广泛存在于植物界的多酚类化合物，常位于植物的籽、皮、根、茎部位，一般呈淡棕色，味涩。原花青素具有抗氧化、抗炎、抗肿瘤、保护心血管、降血糖、保护视力、抗疲劳、护肤美容等多种功效，在医药、食品、化妆品领域已有广泛的应用。

1961年德国的Karl等首次从山楂新鲜果实的乙醇提取物中提取并分离出2种多酚化合物，1967年美国的Joslyn

MA等又从葡萄皮和葡萄籽提取物中分离出4种多酚化合物，他们得到的多酚化合物在酸性介质中加热均可产生花青素，故将这类多酚化合物命名为原花青素。

原花青素是以黄烷-3-醇为结构单元，通过C－C键聚合而形成的多酚化合物，由不同数量的儿茶素或表儿茶素缩合而成。最简单的原花青素是儿茶素、表儿茶素或儿茶素与表儿茶素形成的二聚体，此外还有三聚体、四聚体等直至十聚体。按聚合度的大小，通常将二到五聚体称为低聚体原花青素（oligomeric procyanidins, OPC），将五聚体以上的称为高聚体原花青素（polymeric procyanidins, PPC）。其中二聚体原花青素分布最广，研究最多，其结构如图2-1所示。

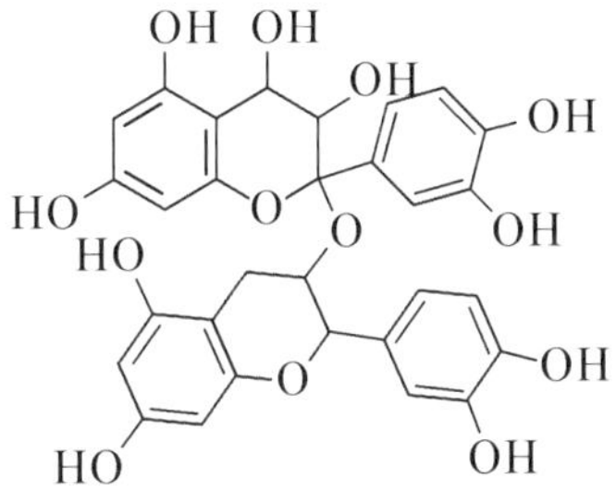

图2-1　二聚体原花青素结构

原花青素（PC）被认为是不老莓中的主要多酚类化合物。不老莓中的原花青素在果肉中含量为70%，在果皮中含量为25%，在种子中的含量为5%。

据报道，不老莓原花青素（PC）成分如下：单体（0.78%）、二聚体（1.88%）、三聚体（1.55%）、四到六聚体（6.07%）、七到十聚体（7.96%）和大于十聚体（81.72%）。

下面详细介绍原花青素的功效。

1）抗氧化

原花青素是一类多酚化合物，含有大量的活性酚羟基，在体内被氧化后释放出H^+，竞争性地与活性氧自由基结合，达到清除自由基的效果，同时还能竞争性地与氧化物结合，从而保护脂质不被氧化，阻断自由基链式反应，并且反应后产生的半醌自由基可通过亲核加成反应生成具有儿茶酸及焦酚结构的聚合物，该聚合物仍然具有很强的抗氧化活性。此外，原花青素还参与磷脂、花生四烯酸的新陈代谢

及蛋白质磷酸化过程，保护脂质不发生过氧化损伤，其还可与具有氧化还原活性的金属离子（如铁、铜、钙等）螯合，形成惰性化合物，从而阻止金属离子催化自由基的生成。综上，原花青素具有极强的抗氧化活性，能有效清除活性氧自由基及抑制脂质过氧化。

2）抗炎

人体发炎时会释放出一种称为组胺的化合物，它可诱发过敏、气喘、支气管炎、花粉热、类风湿动脉炎、压力溃疡等炎症。原花青素是组胺的有效抑制剂，可抑制产生组胺需要的酶，防止组胺的生成，从而减轻炎症症状。原花青素的抗炎作用机理还与其抗氧化活性有关，由于原花青素能有效清除活性氧自由基、抑制脂质过氧化，从而可进一步抑制组胺、5-羟色胺、前列腺素及白三烯等炎症因子的合成和释放，抑制嗜碱性粒细胞和肥大细胞释放过敏颗粒，达到改善皮肤过敏症状及过敏性哮喘症状的效果。原花青素可保持细胞膜的完整性，减少白细胞介素-8的分泌，从而减轻结肠炎症状。原花青素可抑制组胺脱羧酶、透明质酸酶的活性，从而改善关节炎症状。痛风性关节炎是常见的关节炎，原花青素还可通过抑制巨噬细胞中NLRP3炎性小体的活化，来减轻痛风性疼痛并抑制踝关节肿胀。原花青素可通过抑制血管内皮生长因子信号传导来缓解骨关节炎症状。

3）抗肿瘤

近年来大量研究表明，原花青素能够抑制肿瘤细胞的生长，对皮肤癌、口腔癌、乳腺癌、肝癌、慢性骨髓白血病、肺

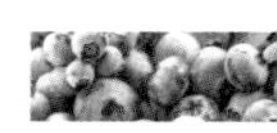

癌、前列腺癌、卵巢癌、膀胱癌、胰腺癌、胃癌、结肠癌等多种癌症均有一定的抗癌活性。

原花青素的抗肿瘤作用机制与其抗氧化活性有关。活性氧可使DNA发生突变，导致原癌基因活化和肿瘤抑制基因失活，活性氧还可与核转录因子（nuclear transcription factor-κB，NF-κB）作用，参与细胞信号转导，引起细胞恶性增殖。因此，原花青素强大的抗氧化能力可保护DNA免受氧化损伤，防止肿瘤的发生和发展。

原花青素的抗肿瘤作用机制还与其调节肿瘤细胞有丝分裂，阻滞细胞周期，抑制细胞增殖，促使细胞凋亡，调控肿瘤发生、发展、转移相关信号分子、介质等作用有关。例如，原花青素可降低人肝癌HepG2细胞合成DNA的能力，使其停滞于S期，继而抑制癌细胞的生长、介导其凋亡；原花青素可抑制人结肠癌细胞株SW620的增殖，并通过caspase-3通路促使其凋亡；caspase-3是位于哺乳动物细胞凋亡通路下游关键的死亡蛋白酶，正常情况下，胞质中的caspase-3以无活性的酶原形式存在，细胞凋亡信号的出现可导致caspase-3裂解、活化，活化的caspase-3又进一步导致蛋白酶级联切割放大，最终使细胞走向死亡。原花青素可通过激活caspase-3蛋白表达，使人口腔鳞癌细胞HSC-2中的细胞角蛋白18（cytokeratin18）发生降解，从而促进癌细胞的凋亡。

4）保护心血管

红葡萄酒有益健康，可预防心血管疾病，其中发挥作用的主要成分就是原花青素。原花青素的保护心血管作用主

要体现在降血压、降血脂、抗动脉粥样硬化、抗心肌缺血再灌注损伤这四个方面。

高血压是引发心血管疾病的因素之一。血管紧张素转化酶（angiotensin converting enzyme, ACE）能够催化血管紧张素Ⅰ转化为血管紧张素Ⅱ。血管紧张素被血管紧张素转化酶转化后，会导致血管收缩，引起血压升高，导致高血压。原花青素具有富含电子的杂环氧和羟基，能够与ACE分子中的锌原子结合，形成螯合物，使ACE酶失活，从而舒张血管，降低血压。

血清胆固醇（TC）、甘油三酯（TG）、高密度脂蛋白（HDL）和低密度脂蛋白（LDL）水平是反映机体脂质代谢水平的常用指标。研究发现，原花青素可以降低血清TC、TG、LDL水平及提高HDL水平，起到降血脂的作用。

动脉粥样硬化的发病机制之一是动脉壁中的LDL被氧化。原花青素可通过抑制动脉壁中LDL的氧化来防止动脉粥样硬化。此外，原花青素还可减少动脉粥样硬化斑块的形成及病变斑块中巨噬细胞的聚集，从而发挥抗动脉粥样硬化的作用。

心肌缺血再灌注损伤主要表现为室性心动过速和心室颤动。原花青素能显著降低室性心动过速和心室颤动的发生率和持续时间，还能减少心肌梗死面积，促进心脏功能的恢复，对缺血再灌注后的心肌具有保护作用。

5）降血糖

餐后高血糖是糖尿病的明显症状。原花青素可以抑制

α-淀粉酶、α-葡萄糖苷酶活性，减缓碳水化合物的水解进程，延缓肠道对葡萄糖的吸收，从而降低餐后血糖峰值，发挥降血糖、预防和治疗糖尿病的作用。原花青素还通过降低血清葡萄糖、糖基化蛋白、血清尿素氮、尿蛋白、肾脏晚期糖基化终产物水平和调节胰高血糖素样肽-1水平来改善糖尿病及其肾病并发症的状况。

6）保护视力

原花青素可以改善人体微循环、增强视网膜的营养供应、改善视网膜功能和提高其灵敏度，因此具有保护视力的作用。原花青素可以抑制晶状体氧自由基的生成和脂质过氧化，从而预防白内障的发生。此外，原花青素还可以改善干眼症、青光眼、角膜病、葡萄膜炎、视网膜病变、视神经病变等眼疾症状。

7）抗疲劳

机体剧烈运动时需要消耗大量的能量，有氧呼吸的氧供应不足，则需通过无氧呼吸供给能量，产生大量乳酸，引起一系列生化反应，同时产生大量自由基，增强脂质过氧化反应，从而导致疲劳的产生。原花青素的抗疲劳作用机理与其抗氧化活性有关，原花青素能够清除活性氧自由基，阻断自由基引起的生物膜上多不饱和脂肪酸的过氧化，增强机体的抗脂质过氧化作用，从而延缓疲劳的发生。

8）保护皮肤

在皮肤保养方面，原花青素具有独特的生理活性，如抗衰老、抗辐射、保湿等。

机体衰老是由于活性氧自由基对机体的攻击，体内大量自由基的产生，引发脂质过氧化反应，对生物膜造成损伤，生命大分子过度交联聚合，脂褐素大量积累，破坏或减少器官组织细胞，降低免疫功能，从而造成机体衰老。原花青素可以有效清除自由基、抑制脂质过氧化，强大的抗氧化能力使其具有延缓衰老的功效。此外，原花青素还可以抑制弹性蛋白酶活性，保护皮肤胶原蛋白免受弹性蛋白酶伤害，维持胶原蛋白活力，从而保持皮肤细腻紧致，预防皮肤皱纹、松弛。

机体受辐射后会产生活性氧自由基，引发脂质过氧化等损伤。原花青素可以有效清除自由基，抑制脂质过氧化，强大的抗氧化功能使其具有抗辐射功效，其中抗紫外线辐射功效备受关注。原花青素能够保护机体免受太阳紫外线辐射损伤，辅助治疗牛皮癣和老年斑。

原花青素具有亲水性的多羟基结构，在空气中易吸湿，而且能够与多糖、脂类、多肽、蛋白质等生物大分子形成复合物，从而发挥滋润皮肤的保湿作用。

9）其他功效

除了上述生物学功效以外，原花青素还具有其他生理活性，如抗病毒、抗菌、抗抑郁、调节免疫、保护肠道、保护肝脏、保护神经系统、促进骨形成、促进毛发生长等。

原花青素独特的生理活性使其具有多方面的生物学功效，在医药、食品、化妆品领域有了广泛的应用。

在20世纪60年代，原花青素最初用于治疗枯草热和过

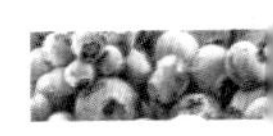

敏症。近年来，原花青素还用来治疗酒精中毒、白癜风、心血管疾病、糖尿病、眼角膜病、视网膜疾病，预防牙周病和癌症。原花青素还可用于治疗微循环疾病，如眼睛与外周毛细血管通透性疾病、静脉与淋巴功能不全。

原花青素因其降血压、降血脂、降血糖、抗肿瘤、免疫调节和健脑等功能而广泛应用于保健食品中。

原花青素具有强大的抗氧化能力，在护肤美容方面有着抗衰老、抗辐射、保湿、滋润皮肤等多种功效。目前国外市场已出现以原花青素为原料制成的各类防晒美白护肤品及化妆品。

2.2.2 花青素

1947年，法国Bordeaux大学的在读博士Jack在花生仁的包衣中首先发现花青素，之后花青素物质在紫甘薯、葡萄、血橙、红球甘蓝、蓝莓、茄子皮、樱桃、红橙、红莓、草莓、桑葚、山楂皮、紫苏、苹果、黑（红）米、牵牛花、茶叶等植物中被发现并应用。

花青素（Anthocyanin），又称花色素、花色苷，属于生物类黄酮物质，是一类广泛存在于植物中的水溶性天然色素，可以随着季节和植物细胞液的酸碱不同，使花瓣和果实显示多种色彩，细胞液呈酸性则偏红，细胞液呈碱性则偏蓝。花青素常见于花、果实的组织中及茎叶的表皮细胞与下表皮层，存在于植物细胞的液泡中，可由叶绿素转化而来。

花青素具有类黄酮的典型结构，以C6 — C3 — C6为

基本的碳骨架，它的基本结构单元是2-苯基苯并吡喃型阳离子，即花色基元。自然条件下游离状态的花青素极少见，主要以糖苷形式存在，花青素常与一个或多个葡萄糖、鼠李糖、半乳糖、阿拉伯糖等通过糖苷键形成花色苷，花色苷中的糖苷基和羟基还可以与一个或几个分子的香豆酸、阿魏酸、咖啡酸、对羟基苯甲酸等芳香酸和脂肪酸通过酯键形成酸基化的花色苷。

花青素分子中含有酸性与碱性基团，易溶于水、甲醇、乙醇、稀碱与稀酸等极性溶剂中。同时，花青素分子中存在两个苯环，存在高度分子共轭体系，故在紫外光区与可见光区均具有较强吸收，紫外区最大吸收波长在280 nm附近，可见光区域最大吸收波长在500 ～ 550 nm范围内。花青素类物质的颜色随pH值变化而变化，pH值小于7时呈红色，pH值为7 ～ 8时呈紫色，pH值大于11时呈蓝色。

近十年来，随着人们对花青素越来越深入的研究，其生

理活性和功能以及其作用机制逐步成为众多学者研究的热点。又因为人们的健康意识日益增强，花青素的食用、药用价值得到了广泛关注和认可，包括其抗氧化、抗炎作用，抑菌作用，抗衰老、抗癌作用以及对肝脏、心脑血管和视力的保护作用等生理活性。

黑果腺肋花楸浆果是花青素最丰富的植物之一，其浓度范围为干重的0.60%～2.00%。在不老莓果实中，花青素是第二大酚类化合物，花青素约占总多酚的25%[4]。

不老莓中存在的花青素是花青素苷类的混合物：花青素-3-半乳糖苷、花青素-3-葡萄糖苷、花青素-3-阿拉伯糖苷和花青素-3-木糖苷（见图2-2），其中以花青素-3-半乳糖苷为主。

通过研究不同类型浆果的花青素含量，人们发现相比

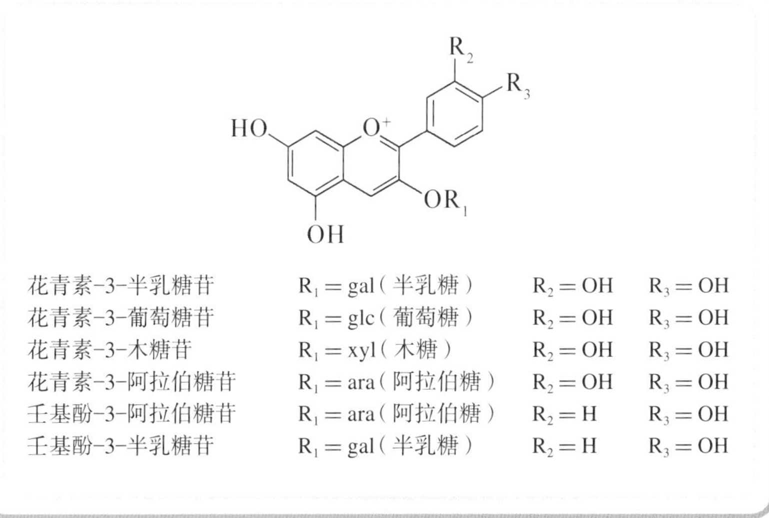

图2-2　黑果腺肋花楸中花色素苷的化学结构

于黑醋栗（黑加仑）、红醋栗（红加仑）、鹅莓（欧洲醋栗）、草莓（洋莓）、黑莓（欧洲黑莓）和红覆盆子（树莓）等，不老莓的总花青素浓度最高[1]。

黑色不老莓比红色不老莓的花青素含量高。不老莓花青素含量也取决于栽培品种。与多酚含量较高类似，品种"Viking"和"Nero"的总花青素含量也较高，与野生的不老莓相当。

花青素的总含量受温度的影响很明显。有人研究了在25℃贮藏6个月内果汁加工过程中花青素的稳定性。发现花青素通过热处理后广泛降解，并且它们的浓度呈线性下降。较低的贮藏或加工温度和pH值可以让花青素在不老莓果汁中稳定性达到最大。

下面简述花青素的功效。

1）抗氧化作用

研究证明，花青素是当今人类发现的最有效的抗氧化剂，也是最强效的自由基清除剂，花青素的抗氧化性能比维生素E高50倍，比维生素C高20倍。

自由基是机体无法回避的代谢产物，在正常情况下，自由基的产生与清除在人体内保持着相互平衡，但在某些病理及外在条件下，自由基大量产生或机体的清除能力下降，机体内环境的稳态被破坏时，生物大分子的结构发生变化，从而失去活性，导致炎症、免疫系统功能紊乱、心脑血管受损等多种疾病，加速衰老。

花青素属于生物类黄酮物质，具有特殊的分子结构，遇

到自由基后马上能给出一个电子使其配对，从而捕获体内过多的自由基，而自身不会形成有害的能引发链式反应的危险物质，从而停止了自由基对其他分子的攻击和对细胞膜的侵蚀，终止氧化现象。生物组织中具有超氧化物歧化酶（SOD）、过氧化物酶等抗氧化酶，能在正常情况下清除组织中的活性自由基，防止自由基对机体的伤害，但当机体内产生过量活性氧和自由基时会导致自由基无法及时清除。花青素不但能直接清除自由基，还对体内各种抗氧化酶具有促进和激活作用，增强机体内自带的抗氧化系统的清除能力。

另外，花青素属多酚结构，可与金属离子（如铁、铜、钙等）发生络合作用，形成稳定的复合物，从而阻止此类具有氧化还原活性的金属离子发生催化作用以致加速自由基生成，最终加强其抗氧化作用。

2）抗炎作用

炎症就是平时人们所说的“发炎”，是机体对于刺激的一种防御反应，表现为红、肿、热、痛和功能障碍。花青素在多个方面都显示出它具有较强的抗炎作用。首先，花青素能非常有效地抑制NO的产生。因为NO在人体的组织和细胞中会合成大量的氮的氧化物，导致多种慢性炎症的发生，所以花青素通过抑制NO的产生而起到抗炎作用。

此外，花青素能通过抑制促炎细胞因子、细胞黏附分子、氧自由基的表达，影响核转录因子及丝裂原活化蛋白激酶通路，介导环氧化酶-2（COX-2）的表达等，发挥抗炎作

用。其作为有效抗炎且安全的天然物质，具有广阔的研究与应用前景。

3）抗癌作用

国内外大量研究表明，花青素在乳腺癌、前列腺癌、皮肤癌等多种癌症疾病中都显现出抑制肿瘤的入侵和抑制肿瘤细胞转移的功能。

人体细胞的癌变过程是一个极其复杂而且漫长的过程，受多种体内外环境和因子的影响。癌症之所以可怕，是因为它具有浸润周围组织和转移到身体其他部位的能力。在抑制肿瘤的入侵方面，花青素影响癌变进程的能力可能与其有效的抗氧化能力以及对环氧化酶的抑制等多种机理有关，例如花青素能够通过抑制有活性的分裂素蛋白致活酶路径来抑制肿瘤的转移和生长。另一方面，有些癌症如乳腺癌会通过溶解组织和细胞的物质形成肿瘤，这些癌细胞产生溶解酶和蛋白酶，而花青素能保护蛋白质不受蛋白酶的影响。同时，癌症也是因自由基损害遗传物质（DNA）而导致的，借着保护遗传物质，花青素能间接地保护我们，对抗癌症。

在抑制肿瘤细胞的转移方面，花青素可以通过影响细胞周期调节蛋白的活性使细胞周期各阶段不能顺利进行，从而达到抑制细胞增殖的目的。同时，花青素与富含花青素的提取物在多种细胞中表现出促凋亡作用，它们是通过内部（线粒体）和外部（Fas/FasL途径）诱导细胞凋亡的。而花青素清除自由基的功效也能够让癌细胞无法顺利扩

散，从而保护更多健康的细胞免于被癌细胞侵蚀。

4）预防心脑血管疾病的作用

法国人喜欢饮用花青素含量很高的红葡萄酒，这使得他们虽然吃的高脂肪食物远多于美国人，但死于心脏病的比例却比美国人少很多，这让科学家们发现长期服用花青素能够明显降低心血管疾病的发生率。其功效主要有三点：第一，花青素能够清除血液循环系统中多余的自由基，抑制血液中低密度脂蛋白的氧化，防止血管内的胆固醇向血管壁沉积，抑制血小板聚集形成血栓，降低血压和血脂，软化血管，减少心血管栓塞，从而有效抑制动脉粥样硬化，称为“动脉粥样硬化的解毒药”。第二，花青素对胶原酶、弹性酶、透明质酸酶和葡萄糖醛酸苷酶等产生抑制作用，从而保持血管内皮细胞中胶原蛋白、弹性蛋白、透明质酸等大分子的完整性。因此，花青素可以保护血管，减低毛细血管的脆性，保持血管的通透性，增强毛细血管、静脉、动脉的机能。第三，花青素可以增强流向大脑的血液循环，使大脑可得到更多的氧，有效保护大脑细胞从而防止脑血管栓塞。

总的来说，花青素能够加固血管，改善血液循环。花青素可使毛细血管的阻力减少和渗透性改善，使细胞更容易吸收养分与排除废物，从而有效改善循环系统的功能，降低心脑血管疾病的发生率，改善静脉曲张及水肿，对患有高血压及相关心脑血管疾病的患者具有很好的保健作用。

5）保护视力的作用

花青素的活性物质是维护眼睛健康、预防视力受损的

重要因素，其功能在于花青素可维持正常的细胞连接、血管的稳定，增进眼部微细血管循环，提高眼部微血管和静脉的流动性。因此花青素对缓解眼疲劳，改善眼部微循环和预防视力受损有很好的促进作用。另外，花青素还可以促进视网膜细胞中视紫质（rhodopsin）的再生成，可预防重度近视及视网膜剥离，并可增进视力。所以，科学家开始从植物中提取花青素成分，制成各种眼保健品，并风靡欧美和其他西方国家。

6）保护大脑与提高记忆力的作用

临床研究证明，花青素具有调节认知和运动的能力，减缓衰老以及中风的风险。另外，花青素对提高小鼠学习记忆能力和抗衰老有显著作用，能降低由于机体衰老导致的丙二醛增加，能够提高SOD的活性，可以抵抗大脑老化，防止或延缓阿尔茨海默病的发生。甚至在中风发生之后，花青素也能帮助改善记忆力和大脑功能。有学者研究发现，紫甘薯花青素能穿透血脑屏障，对脑组织中自由基具有清除作用，指出紫甘薯花青素对自由基产生的抑制及对已产生自由基的清除是保护脑神经元、提高记忆能力的一个重要机制。

7）保护肝脏的作用

现代人的生活方式给肝脏带来了较大的负担，而花青素则能在很大程度上缓解肝脏的负担。研究表明，花青素可显著降低由过氧化物引起的肝功能活性的降低，对肝损伤具有较好的修复功效。同时，花青素提取液对病鼠肝功

能和肝细胞膜结构显示出一定的保护作用，还能提高血清中抗氧化酶的活力水平。

8）皮肤保健和美容作用

皮肤属于结缔组织，其所含的胶原蛋白和弹性蛋白对皮肤的整个结构起重要作用，胶原蛋白的适度交联可以维持皮肤的完整性，而体内自由基氧化可使其过度交联，表现为皱纹，而弹性蛋白可以被自由基或弹性蛋白酶降解，缺乏弹性蛋白的皮肤松弛无力。与此同时，由于面部皮肤长期暴露在外，受到外部环境如手机、电脑、紫外线、粉尘等污染而产生大量自由基，导致胶原蛋白和弹性蛋白过度交联并降解。面部皮肤处于血液循环末端，营养供应不足，也是人体最先老化的组织，肠胃道及肝肾功能失调，也是使面部皮肤色素沉着、产生斑点的原因。

花青素对皮肤的作用扮演着双重角色：一方面，它可以维护皮肤胶原合成，抑制弹性蛋白酶，从而减少皱纹产生；另一方面，它作为一种有效的自由基清除剂，可预防皮肤“过度交联”，阻止了皮肤皱纹和斑痕的出现，保持皮肤的细腻光滑。同时，花青素具有的多羟基结构还能使它在空气中易吸湿，且能与多糖（透明质酸）、蛋白质、脂类（磷脂）、多肽等复合，从而达到保湿收敛皮肤的功效。因此在欧美等国家，花青素享有“皮肤维生素”“口服化妆品”的美誉。

花青素除了以上列举的作用，还在其他多个保健领域显示出良好的功效。例如花青素可以增强人体免疫力，减少感冒的次数和缩短持续的时间，具有改善过敏体质的功

能，以及具有一定辅助减肥消脂的效果。因其强大的多重功效，花青素已经成为人们最熟知和青睐的保健品之一。

经过多年各种临床、化验、毒性和药物动力学的研究结果证明，花青素无任何毒副作用、无致癌性、无致畸胎性、无致敏性，没有看到任何直接或间接的毒性，是一种可以安全食用的保健营养品。

由于能够快速全面地清除人体内多余的自由基，预防因自由基引起的各种心脑血管疾病、各种肿瘤、肠胃道疾病、因衰老和疾病而引发的皮肤斑点和皱纹、各种过敏反应、静脉曲张、阿尔茨海默病、白内障、关节炎、代谢类疾病如糖尿病等，花青素已经被制备为中药口服液或胶囊等形式供患者服用，在医疗领域具有广阔的应用前景。同时，现代药理学研究表明，花青素具有的多种药理作用将在新兴药品的开发中具有广阔的应用前景。

2.2.3　黄烷醇和黄烷-3-醇

黄酮醇（槲皮素糖苷）和黄烷-3-醇（表儿茶素）也存在于浆果中，但仅作为次要成分，含量较低。在不老莓浆果中，主要存在四种不同黄酮醇的混合物，分别为槲皮素-3-半乳糖苷（金丝桃苷）、槲皮素-3-葡萄糖苷（异槲皮素）、槲皮素-3-芸香苷（芦丁）和槲皮素-3-刺槐苷。

植物中，黄酮醇的作用是保护植物抵抗环境的各种刺激。人体中，黄酮醇可能调节机体对一些化合物的反应性，如过敏原、病毒、致癌物质。

最近的研究表明，黄酮醇对许多疾病有治疗作用。黄酮醇如槲皮素，可以促进胰岛素的分泌，并且可能是山梨醇堆积的有效抑制剂。这些作用可以解释多种植物性药物对糖尿病的疗效。这些药物一般富含黄酮醇。黄酮醇的营养作用包括提高细胞内维生素C的水平、降低小血管的渗漏和破损，从而预防皮肤青紫；黄酮醇还能提高机体的免疫系统功能。所有这些作用都有益于糖尿病患者。糖尿病患者除了要吃富含黄酮醇的饮食外，还要补充额外的黄酮醇1～2克/日。

美国哈佛大学癌症研究中心的研究小组以183 518人为对象，比较了他们摄取黄酮醇的量与罹患胰腺癌的关系。跟踪研究表明，摄取黄酮醇最高的人群，罹患胰腺癌的危险性比摄取低的人群降低23%。对吸烟者的防癌效果更为明显，黄酮醇摄取高的人群罹患胰腺癌的危险性降低59%。

黄烷-3-醇是植物的次生代谢产物，广泛分布于许多植物的果实、叶片和种子中，具有极强的抗氧化功能，从而具有广泛的抗菌、抗病毒、抗癌、抗发炎、抗血栓、抗自由基以及保护心血管的作用。

经现代医学研究发现：黄烷醇可以通过维持人的血管健康保持正常的血压；黄烷醇可以通过降低血液中血小板的黏附性来维持健康的血流；黄烷醇还可以作为抗氧化剂维持心脏健康。

2.3 不老莓中的酚酸

浆果通常富含羟基肉桂酸，这是微水溶性肉桂酸的衍生物。最丰富的是绿原酸，它是咖啡酸的复合物，通过酯键与奎宁酸相连。绿原酸与新绿原酸一起，被认为是不老莓中主要的非类黄酮多酚化合物。Rop等人[5]通过对5个不老莓品种“Aron”“Fertedi”“Hugin”“Nero”和“Viking”的实验，证实了绿原酸和新绿原酸是非常重要的抗氧化剂。

绿原酸（chlorogenic acid, CA）是由咖啡酸（caffeic acid）与奎尼酸（quinicacid，1-羟基六氢没食子酸）生成的缩酚酸，是植物体在有氧呼吸过程中经莽草酸途径产生的一种苯丙素类化合物。

绿原酸具有广泛的生物活性，现代科学对绿原酸生物活性的研究已深入到食品、保健、医药和日用化工等多个领域。绿原酸是一种重要的生物活性物质，具有抗菌、抗病毒、增高白细胞、保肝利胆、抗肿瘤、降血压、降血脂、清除自由基和兴奋中枢神经系统等作用。

1）抗菌、抗病毒

绿原酸有较强的抗菌消炎作用。绿原酸对多种疾病和病毒还有较强的抑制和杀灭作用。

2）抗氧化作用

绿原酸是一种有效的酚型抗氧化剂，其抗氧化能力强于咖啡酸、对羟苯酸、阿魏酸、丁香酸、丁基羟基茴香醚（BHA）和生育酚。绿原酸之所以有抗氧化作用，是因为它含有一定量的R－OH基，能形成具有抗氧化作用的氢自由基，以消除羟基自由基和超氧阴离子等自由基的活性，从而保护组织免受氧化作用的损害。

3）清除自由基、抗衰老、抗肌肉骨骼老化

绿原酸及其衍生物具有比抗坏血酸、咖啡酸和α-生育酚（维生素E）更强的自由基清除效果，可有效清除DPPH（2,2-二苯基-1-苦基肼）自由基、羟基自由基和超氧阴离子自由基，还可抑制低密度脂蛋白的氧化。绿原酸能够有效地清除体内自由基，维持机体细胞正常的结构和功能，防止和延缓肿瘤突变和衰老等现象的发生。

4）抑制突变和抗肿瘤

现代药理实验证明绿原酸有抗癌和抑癌之功效，日本学者研究了绿原酸的变异原性抑制作用（antimutagenicity），发现该作用与绿原酸等抗变异原性成分有关，揭示了绿原酸对肿瘤预防的重要意义。

蔬菜、水果中的多酚类如绿原酸、咖啡酸等可通过抑制活化酶来抑制致癌物黄曲霉毒素B1和苯并（a）-芘的变异原性；绿原酸还可通过降低致癌物的利用率及其在肝脏中的运输来达到防癌、抗癌的效果。绿原酸对大肠癌、肝癌和喉癌具有显著的抑制作用，被认为是癌症的有效化学防护剂。

5）对心血管保护作用

绿原酸作为一种自由基清除剂及抗氧化剂已由大量的试验证明，绿原酸的这种生物活性，对心血管系统能产生保护作用。

6）降压作用

经多年临床试验证实，绿原酸有明显的降压作用，而且

疗效平稳，无毒、无副作用。

7）其他生物活性

由于绿原酸对透明质酸（HAase）及葡萄糖-6-磷酸酶（Gl-6-Pase）有特殊的抑制作用，所以绿原酸对于创伤的治愈、皮肤健康湿润、润滑关节、防止炎症以及体内血糖的平衡调控等都有一定疗效。绿原酸有预防糖尿病、显著增加胃肠蠕动和促进胃液分泌等药理作用，对急性咽喉炎症有明显的疗效。研究表明，口服绿原酸能够显著地刺激胆汁的分泌，具有利胆保肝的功效。

2.4 不老莓多酚的生物利用度

抗氧化剂的体内抗氧化能力是由许多因素决定的，其中的一个因素为生物利用度，在评价抗氧化能力时应予以考虑。由于生物利用度研究需要确定人类有机体暴露于受试化合物的真实量，因此其结果非常重要。

通过评价抗氧化剂化合物对人体和实验动物生物液体和组织（如血浆、红细胞、尿液和脑脊液）中氧化水平的影响，可以准确地评估抗氧化剂在体内的能力和功效。

多酚生物利用度的研究使我们能够将多酚摄入量与生物利用度的一个或几个精确测量值（如血浆和组织中关键生物活性代谢物的浓度）以及流行病学研究中对潜在的健

康影响联系起来。各种酚类化合物之间的生物利用度似乎差别很大，我们膳食中含量最高的酚类化合物不一定是生物利用度最高的化合物。

膳食抗氧化剂的代谢是强烈影响酚类生物利用度化合物的另一个因素。通常，在吸收之后，多酚会经历三种主要结合：甲基化、硫酸化和葡萄糖醛酸反应。

花青素在小肠中吸收不良，因此大部分可能进入发生细菌降解的大肠中。与其他浆果相比，不老莓花色素苷图谱非常简单，几乎完全由花青素糖苷组成，即花青素-3-阿拉伯糖苷、花青素-3-半乳糖苷、花青素-3-葡萄糖苷和花青素-3-木糖苷。花青素-3-半乳糖苷和花青素-3-阿拉伯糖苷是浆果中的主要代表。由于其简单的花色素苷特征，不老莓是花青素及其糖苷生物利用度研究的首选。这就是为什么与其他酚类成分相比，不老莓花青素得到了最全面的研究。Kay等人[6]研究了腺肋花楸衍生的花青素糖苷在人体受试者中的代谢转化。志愿者食用了大约20 g含有1.3 g花青素-3-半乳糖苷的不老莓提取物。花青素-3-半乳糖苷占尿液和血清样本中检测到的花色素苷的66.0%。代谢物被鉴定为葡萄糖醛酸苷缀合物，以及花青素-3-半乳糖苷和花青素葡萄糖醛酸苷的甲基化和氧化衍生物。食用4种花青素糖苷会导致在人尿液和血清中出现至少10种单体花青素代谢物。

在随后药代动力学研究中，受试者服用不老莓花青素（721 mg花青素-3-半乳糖苷）后，发现花青素-3-半乳糖苷

在人体中被迅速吸收和大量代谢。葡萄糖醛酸化是观察到的花青素代谢的主要途径，分别占血液和尿液中检测到的花色素苷总量的59.8%和57.8%，甲基化是第二个常见的代谢转化。

在另一项有效研究中，Wizkowski等人[7]通过健康志愿者研究了从不老莓果汁中提取的花青素的生物利用度。与其他研究相比，这是首次在生物利用度研究中使用含有饮食相关剂量花青素的新鲜果腺肋花楸果汁，按每千克体重提供0.8 mg花青素来饮用果汁。研究发现，饮用不老莓果汁后，血液和尿液中发现了8种花青素衍生物。在1.3小时后，血浆花青素的最大浓度可达（32.7 ± 2.9）nmol/L。在最初的2小时内，花青素的尿液排泄率最高。食用后，对所有志愿者的血浆和尿液的分析表明，不老莓花青素作为花青素糖苷被完整吸收，并被代谢成甲基化和/或葡萄糖醛酸化衍生物。

食用不老莓果汁后30分钟内，血液中出现了花色素苷，表明至少部分花色素苷是从胃中吸收的。

由于其聚合性质和高相对分子质量，原花青素不同于大多数其他植物多酚。这一特征可能限制其通过肠道屏障进行的吸收；大于三聚体的低聚物不太可能以其天然形式被小肠吸收。对动物和人类受试者进行的大量喂食研究表明，大多数聚合原花青素保持原样进入大肠，在大肠中其被结肠微生物分解，产生多种酚酸包括3-（3-羟基苯基）丙酸和4-甲基没食子酸，其被吸收进入循环系统中并在尿液中排出。

尽管原花青素吸收不良，但其可能在胃肠道中发挥局部活性，或者由微生物降解产生的酚酸介导产生活性。这种局部作用可能很重要，因为肠道暴露于氧化剂中，可能会导致炎症和癌症等多种疾病。结肠中的多酚浓度可以达到几百微摩尔每升，其和一些类胡萝卜素一起构成结肠中唯一的饮食抗氧化剂，这是因为维生素C和维生素E已被肠道上部吸收。

第3章

不老莓果实的抗氧化活性

越来越多的证据表明，摄入植物性食品越多，动脉硬化和氧化应激相关疾病的发病风险也越低。相比之下，膳食中以动物产品和成分为主，缺乏植物性食物，会增加心血管疾病和癌症的发病风险。膳食中摄入的大多数抗氧化剂来自植物，最丰富的来源是草药、谷物、水果和蔬菜，它们富含多酚物质、类胡萝卜素、维生素C和维生素E，抗氧化活性极强。过去的几十年中，多酚类化合物受到了广泛关注，并且由于其抗氧化特性和除补充维生素作用之外的有益效果而被人们深入研究。多酚是膳食中最丰富的抗氧化剂，含有8 000多种已知化合物，这使它们成为植物化学成分中最大的类群之一。天然多酚物质结构多样，从单一分子（如酚酸）到高度聚合的结构（如丹宁酸），各不相同。

3.1 慢性疾病的根源
——氧化应激和自由基

当今社会，慢性退行性疾病的发病率和病死率的增长速度非常可怕。据中国社科院调查显示，从2005年到2015年十年间，我国新增慢性病例接近2005年病例的2倍，心脏病和恶性肿瘤病例增加了近1倍，慢性病患者已近3亿，超重和肥胖患者3.5亿，高血压患者超过2亿，高血脂患者有

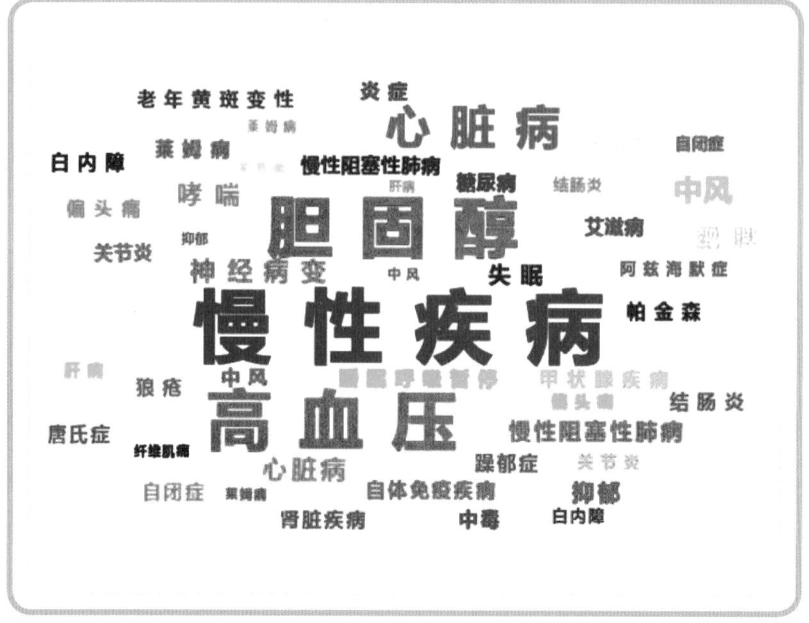

1亿多，糖尿病患者达到9 240万人。

目前我国70%的人处于亚健康状态，15%的人处于疾病状态，其中慢性病死亡人数占总死亡人数的86.6%，未来10年将有8 000万中国人死于慢性病，慢性病已经成为中国国民健康的头号杀手。

慢性病不仅对人体健康造成危害，而且对社会和经济也有很大的影响。2015年中国卫生总费用中用于老年人的卫生费用占到一半左右，超过20亿元，占同期GDP比重的3%左右，到2020年这类费用有可能再翻一倍。以阿尔茨海默病为例，2015年中国花在该病的费用就超过3 000亿元人民币。据世界卫生组织统计，2018年全球由阿尔茨海默病引发的疾病花费超过1万亿美元，2030年将达到2万亿

美元。

另外，根据《中国家庭健康大数据报告》数据显示，与2013年数据相比，2017年一线城市白领中高血压患者平均年龄下降了约0.8岁，慢性病患者有年轻化趋势。

慢性病是相对于感染性疾病和急性病而提出来的一组疾病的总称，主要是指高血压、心脑血管疾病、恶性肿瘤、糖尿病、精神及神经性疾病等。慢性病一般为常见病、多发病，具有多种因素共同致病（多因一果），一种危险因素引起多种疾病（一因多果），相互关联、一体多病等特点。

科学家发现慢性病致病因素主要有两个：一个是氧化应激造成自由基的大量增加，攻击和破坏人体细胞；另外一个是自由基启动细胞内的炎症分子而引起慢性炎症，同时慢性炎症又产生更多自由基。自由基作为信号分子，启动细胞内的炎症分子，炎症的发展反过来又能诱导细胞生成更多的自由基，如此形成恶性循环。所以，不管是自由基造成细胞损伤导致慢性病，还是慢性炎症发展成退行性疾病，自由基都在其中起着非常重要的作用。绝大多数慢性病都与自由基有密切关系，因此，深入了解自由基是预防慢性病的第一步。

人体大约有60万亿个细胞，每个细胞又有成千上万的分子，所以少量的自由基对人的机体不会产生破坏，甚至还有一些帮助清除体内的垃圾、传递能量和信号的作用。但是，现代社会的环境和生活方式处于日益恶化的状态，由此产生的各种毒素导致自由基的大量产生，而大量产生的自

由基就对细胞造成明显的伤害。它们不但破坏细胞膜，也会破坏细胞核，甚至破坏细胞核内的基因，形成各种各样的慢性退行性疾病，例如糖尿病、心脑血管疾病、癌症、脑部退化（阿尔茨海默病）、骨质疏松等疾病。

大量的研究报道揭示，慢性炎症具有退行性疾病的特点。从自由基和慢性炎症造成的细胞损伤开始，逐渐发展到器官组织产生病变，这个过程需要漫长的时间。一般说来，像糖尿病、心脏病、癌症、骨质疏松等慢性退行性疾病在体内潜伏发展要超过十年才能被医院检测出来。

为什么医院不能及早发现这些慢性病？因为医院的设备一般限于检测器官和组织的器质性病变。即使大医院的先进设备能够针对细胞进行检测，然而由于人体的细胞多达60万亿个，不可能做到普遍的检测扫描。一般是等到发现器质性的病变以后，针对性地准确穿刺病变部位，通过细胞检测核实这些慢性疾病。所以要等到医院确诊慢性病才进行治疗，无疑失去了最佳治愈时机。其实，慢性病不是不好治，而是因为发现得太晚，已经形成痼疾，当然不容易治愈。

因此，当一个人在医院体检没有病时，不能保证他就真的没有那些慢性疾病，只是意味着迄今为止医院还检测不出来。也就是说，体内的慢性病完全有可能已经在发展，只是没有达到能检测出来的程度。

3.1.1 氧化应激

氧化应激（oxidative stress, OS）是指机体在遭受各

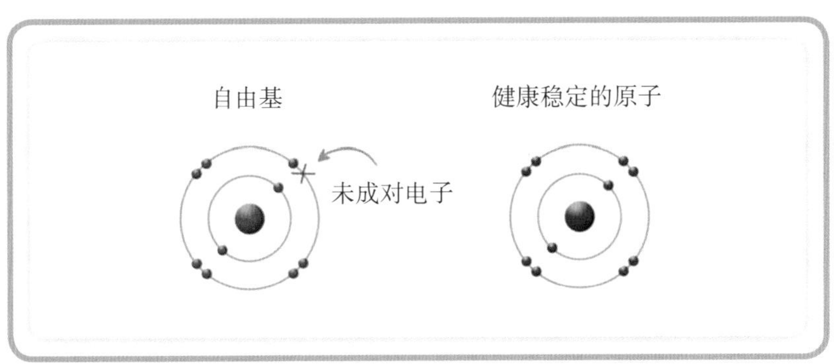

种有害刺激时，体内高活性分子如活性氧自由基（reactive oxygen species, ROS）和活性氮自由基（reactive nitrogen species, RNS）产生过多，氧化程度超出对氧化物的清除，氧化系统和抗氧化系统失衡，从而导致组织损伤。

ROS包括超氧阴离子（$\cdot O_2^-$）、羟自由基（·OH）和过氧化氢（H_2O_2）等；RNS包括一氧化氮（NO）、二氧化氮（NO_2）和过氧化亚硝酸盐离子（$ONOO^-$）等。

自由基是指带有未成对电子的分子、原子或离子。由于未成对电子总是有成对的趋向，因此自由基很容易发生失去或得到电子的反应而显示出较活泼的化学性质。在生物体系中，自由基是人体正常的代谢产物，正常情况下人体内的自由基处于不断产生与消除的动态平衡中。人体内存在少量的氧自由基不但对人体构不成威胁，而且还可以帮助传递维持生命力的能量，促进细胞杀灭细菌，消除炎症，分解毒物等。但如果人体内自由基的数量过多，就会破坏细胞结构，引起脂质过氧化，干扰人体的正常代谢活动，引起疾病，加速人体衰老进程。

概括来讲，自由基的来源有以下几方面：

（1）抽烟（包括二手烟，每根烟会产生1×10^{16}个自由基）、酗酒；

（2）辐射、紫外线、电磁波、日光暴晒或癌症患者接受的放射线治疗；

（3）环境污染，包括空气污染、饮用水污染、工业废水污染、土壤污染等；

（4）化学药物滥用，如食品添加剂、农药、蔬果污染、毒品、治病药物等的滥用（特别是没有经过试药的配方）；

（5）精神状况，如压力过大、急躁、焦虑、郁闷、紧张等情绪问题。

自由基主要通过以下几个方面作用于生物分子使细胞受到损害：

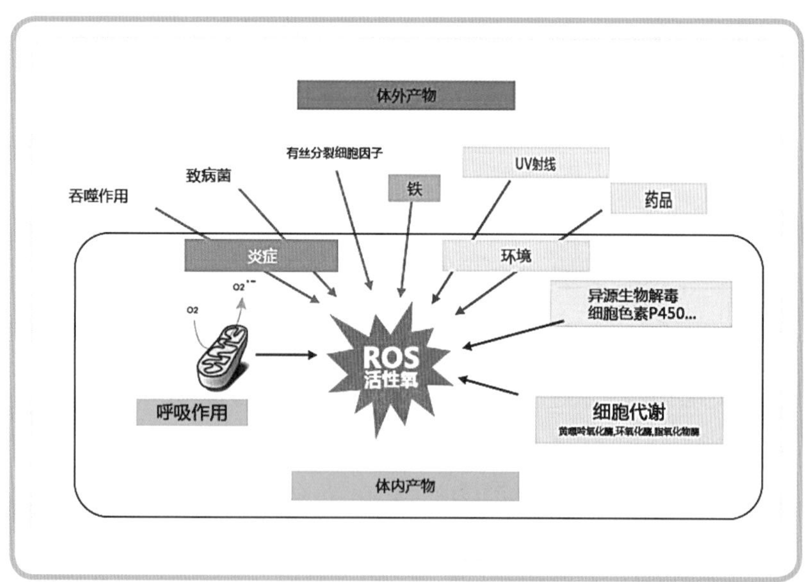

（1）诱导脂质过氧化物的生成　自由基和羟自由基可诱发不饱和脂肪酸的过氧化，生成过氧化脂质。多价不饱和脂肪酸在生物膜中含量很高，过氧化脂质的形成，就是对膜的损害，加之过氧化脂质本身可以进一步均裂产生烷自由基和羟自由基，这样就更进一步加重了对生物膜的损害。同时，过氧化脂质的分解产物醛类可与蛋白质、磷脂和核酸的氨基形成希夫（Schiff）碱，能使分子之间发生交联，生成比原来大许多倍的生物分子，使蛋白质变性，造成细胞代谢和功能形态改变，一些酶也因交联而失活。这些改变了的细胞成分，虽能被溶酶体吞噬，但不能被完全消化，随着年龄的不断增长而蓄积其中，成为脂褐质颗粒，也称为脂褐素（lipofuscin），此颗粒沉积于细胞内，使细胞功能障碍，导致整个机体一系列衰老状态，如临床上最多的是老人斑及色素沉着。

（2）导致DNA、RNA的交联或氧化破坏　自由基与嘧啶及嘌呤等作用，生成相应的自由基，在有氧条件下，最后生成相应的氢过氧化物，且与相邻的嘧啶自由基相互聚合，这种交联可发生在RNA和DNA分子内部或分子间，使其结构破坏，功能障碍。

（3）诱导蛋白质、氨基酸氧化破坏和交联　自由基与蛋白质分子结合，使其分子之间发生交联，形成多聚蛋白，同时可使蛋白质分子中的肽键断裂，氨基酸残基分解或氨化脱氨，影响蛋白质的构形与酶的活性。如结缔组织中胶原蛋白产生交联而收缩，使皮肤发皱，导致在临床上常见到

的中老年所出现的皮肤皱纹。自由基使关节滑液中的黏多糖解聚，是造成关节炎的主要原因，临床上所见到的中老年退行性骨关节炎大都属于这种类型。

（4）加重缺血后再灌流的组织损伤　多脏器功能衰竭的重要原因之一就是缺血后再灌流造成的脏器组织损伤。这种损伤是由于氧自由基的增加，并通过膜脂质过氧化，加剧组织脏器损伤。在缺血组织中，因缺氧，腺苷三磷酸（adenosine triphosphate, ATP）生成受限，细胞内能量不足，使细胞膜不能维持离子的正常运转，并可将电子供给氧生成自由基。当血液恢复供应即再灌流时，氧分子重新进入组织，与组织中积累的次黄嘌呤以及黄嘌呤氧化酶发生反应，生成自由基与尿酸。自由基进一步形成对细胞毒性更强的羟自由基，更加重了对细胞膜及细胞的损害作用。

大部分与老化有关的健康问题，如皱纹、心脏病和阿尔茨海默病，都与体内氧化应激有关。正如美国加州大学伯克利分校的邓汉姆·哈尔蒙博士指出的那样："很少有人能活到他们潜在的最大寿命。他们往往提早死于各种疾病，其中很大一部分是自由基引发的。"事实上，人体几乎所有的器官都很容易受到氧化应激带来的伤害，症状表现不计其数，如疲倦、全身无力、肌肉和关节痛、消化不良、焦虑、抑郁、皮肤瘙痒、头痛，以及注意力难以集中和感染难以痊愈等。由氧化应激水平升高诱发的最常见疾病有心脏病、癌症、骨关节炎、风湿性关节炎、糖尿病以及神经退化性问题如阿尔茨海默病、帕金森病。

自由基与多种疾病的发生相关。

1）自由基与肿瘤病

近年来，人们研究发现，在肿瘤组织中，超氧离子歧化酶活性缺失，当其缺失时，会使组织中的自由基浓度增加。自由基可以给金属离子提供电子，改变它的氧化还原状态，从而影响以金属作辅助因子的氧化还原反应。羟自由基可以抑制腺苷酸化酶而激活鸟苷酸化酶，改变细胞内环磷酸腺苷（CAMP）和环磷酸鸟苷（CGMP）的浓度，促使细胞异常增殖。另一方面，不饱和脂肪酸氧化形成的脂质过氧化物对细胞的损伤也与肿瘤的发生有关。

2）自由基与冠心病

在动脉粥样硬化病变中，有大量的脂类物质堆聚，这些脂类的来源有不同说法，有人认为来自血小板和血细胞。他们认为首先是血小板在动脉内膜“损伤”处聚集，形成血栓及一系列生化反应。这种聚集现象受各种因素影响，其中最主要的是受血栓素A2和前列腺环素的调节。血栓素A2有促进血小板聚集和小血管收缩作用，冠状动脉收缩，导致心肌缺血。前列腺环素则与血栓素A2作用正好相反。各种脂质自由基和5-过氧化氢花生四烯酸可以抑制前列腺环素的合成，同时抑制血栓素A2自然降解为稳定的血栓素A2，因而使血栓素A2堆积，由此破坏了前列腺环素与血栓素A2的动态平衡，促使冠心病的形成和发生。

3）自由基与糖尿病

糖尿病患者的胰腺胰岛细胞受到自由基的伤害，而他们体内抗氧化酶类超氧化物歧化酶（SOD）、谷胱甘肽过氧化物酶（GSH-Px）、过氧化氢酶（CAT）等减少，不能清除过多的自由基是发病的主要原因。对糖尿病患者的检测发现，其体内自由基增多、活性增强、脂质过氧化作用增强，虽然抗体合成SOD、GSH-Px增加，但仍然不足以代偿自由基的增加和脂质过氧化作用的增强，以至于血浆中过氧化脂（LPO）水平增高，LPO/GSH-Px以及LPO/SOD比值升高。LPO是体内细胞膜性结构中的多不饱和脂肪酸受到氧自由基的作用生成的脂质过氧化，膜脂质的过氧化会使膜结构和细胞功能受损而引起多种疾病。胰脏中的β细胞会分泌胰岛素，帮助血液中的葡萄糖进入细胞中，转换成组织运作所需要的能量，或将多余的糖分储藏在肝、肌肉或脂肪细胞中。一旦β细胞被自由基氧化，并受自由基攻击积累到一定量时，β细胞即失去分泌胰岛素的能力形成糖尿病。同时，自由基能促进四氧嘧啶诱发胰岛素依赖型糖尿病。

4）自由基与人体衰老

有人认为，衰老可能是起因于代谢过程中不断产生的自由基，因为生物在生存过程中需要能量，而能量又来源于体内的氧化过程，在此过程中必然会产生自由基，它通过破坏细胞壁及蛋白质结构，破坏激素，使酶失活，导致细胞内核酸突变及免疫功能低下，形成脂褐素颗粒，沉积于内脏及皮肤等各个组织器官中，损害整个机体。沉积于老年人大脑中的脂褐素导致脑功能减退，形成最常见的行动迟缓，动作不协调，阿尔茨海默病等临床衰老表现。妇女在内分泌

失调状态下，体内产生过多自由基，自由基作用于细胞膜，造成脂肪和蛋白质变性，经过溶酶体处理后就会形成脂褐素沉积在细胞内，经过紫外线照射后变成棕褐色，引起皮肤黄褐斑的外在表现。

大量研究事实证明，在许多疾病，如肿瘤、心血管疾病、Ⅱ型糖尿病、阿尔茨海默病、老年性白内障的发生发展过程中，自由基通过强氧化，与蛋白质、脂肪发生修饰性反应，进而引起急性损伤、慢性疾病及衰老现象，表现出明显的有害作用。因此，人们把自由基看成致病“元凶”，促进衰老的“祸根”。

3.1.2　抗氧化应激

人类的机体是一个十分完美、极其复杂的系统。生命活动过程中必然会产生自由基，它们除了参与细胞能量转移、输送外，还在人体免疫系统中发挥重要作用，实际上免疫系统是通过制造自由基形成氧化应激来破坏外来入侵者的。在受控的状态下，这也是氧化应激有利的一面。对于过剩的自由基，机体可通过自身的抗氧化系统来中和，使它变成无害的。超氧化物歧化酶、过氧化氢酶和谷胱甘肽过氧化酶是该系统中的主要成员。同时机体又有一套精细的修复系统，可使机体受损的细胞蛋白质、脂肪、细胞壁，乃至DNA得到修复。在正常情况下，整个过程处于可控状态，机体不至于受到明显的伤害。然而，当自由基数量大大超过抗氧化物质数量时，防御系统就会被突破，氧化应激就会出现，受损机体也得不到及时、正确的修复。于是损伤的蛋

白质就会对细胞功能产生一系列有害的影响；损伤的脂肪可能导致细胞膜脆化；氧化的胆固醇会导致动脉硬化；未被修复的DNA可导致细胞突变，甚至诱发癌症和老化。

事实上，我们人体已几乎处在自由基的包围之中。人们自身过量的、不适当的运动，不健康的饮食，不良的生活习惯，过度的工作和生活压力等，都会产生大量的自由基。化学制剂的大量使用、汽车尾气和工业生产废气的增加，还有核爆炸、空气、食物和水的污染，紫外线辐射，不恰当的用药和治疗等，更给人们带来大量外加的自由基。由此引发的氧化应激远远超过了正常人体的承受能力。骤然增加的自由基，早已超过了人以及生命所能正常保持平衡的范围，人类健康面临着前所未有的严峻挑战。

抗氧化是指抗氧化自由基的简称，英文为anti-oxidant。研究抗氧化可以有效克服其所带来的危害，所以抗氧化被保健品、化妆品企业列为主要的研发方向之一，也是市场最

重要的功能性诉求之一。

抗氧化就是任何以低浓度存在就能有效抑制自由基的氧化反应的物质，其作用机理可以是直接作用在自由基，或是间接消耗掉容易生成自由基的物质，防止发生进一步反应。人体在不可避免产生自由基的同时，也在自然产生着抵抗自由基的抗氧化物质，以抵消自由基对人体细胞的氧化攻击。研究证明，人体的抗氧化系统是一个可与免疫系统相比拟的、具有完善和复杂功能的系统，机体抗氧化的能力越强，就越健康，生命也越长。

机体存在两类抗氧化系统，一类是酶抗氧化系统，包括超氧化物歧化酶（SOD）、过氧化氢酶（CAT）、谷胱甘肽过氧化物酶（GSH-Px）等；另一类是非酶抗氧化系统，包括麦角硫因、维生素C、维生素E、谷胱甘肽、褪黑素、α-硫辛酸、类胡萝卜素、微量元素铜、锌、硒（Se）等。

抗氧化剂是天然的自由基杀手，也是相当丰富且无处不在的，许多植物中就富含抗氧化剂。植物体内的抗氧化剂主要有β-胡萝卜素、番茄红素、维生素C、维生素E和黄酮类化合物等，因此人们必须从植物中获得足够的抗氧化剂，以满足自身的需要。

越来越多的研究显示抗氧化是预防衰老的重要步骤，因为自由基或氧化剂会将细胞和组织分解，影响代谢功能，并会引起不同的健康问题。如果能够消除过多的氧化自由基，对于许多自由基引起的及老化相关疾病都能够预防。例如常见的癌症、动脉硬化、糖尿病、白内障、心血管病、阿尔茨海默病、关节炎等，这些疾病都被认为与自由基相关。

氧化自由基吸收能力（oxygen radical absorption capacity, ORAC）测试是一种测试抗氧化能力的评价方法体系。

既然科学已证明抗氧化对人体的重要性，那么对抗氧化效果进行量化是一个迫切需要解决的问题。只有抗氧化效果可以被量化，才能使企业研发出更好的产品，获得政府的认可，向消费者证明其产品抗氧化的有效性。

ORAC抗氧化测试包括对过氧化自由基（含亲水性、亲脂性）、羟基自由基、过氧亚硝基、单线态氧、超氧阴离子这五种人体最主要的活性氧自由基进行全面的分析，能有效得出样品的抗氧化实际能力及分布情况。

ORAC抗氧化生物测试是比普通抗氧化测试更高一层的测试方案，利用人体细胞有效测试出样品的抗氧化力（生物利用度）。

ORAC已被美国分析化学家协会（AOAC）评定为抗氧化测试标准方法，是国际主流测试方法。

3.2 不老莓提取物的体外抗氧化活性

抗氧化活性的测定是确定其自由基清除能力的评定方法之一。其特征在于化合物（或化合物混合物）抑制各种生物分子氧化反应的能力。近年来，黑果腺肋花楸因其特

殊的抗氧化能力而备受关注。不老莓抗氧化剂主要由维生素C和多酚组成，如花青素、酚酸、黄烷醇、黄酮醇和单宁。

不老莓提取物的抗氧化效果可以通过不同的体外试验来评估。超氧自由基清除能力测定实验研究表明，来自黑色不老莓的丙酮提取物比其他品种提取物更强，是蓝莓（Vaccinium corymbosum）提取物的5倍，蔓越橘（Vaccinium macrocarpon）提取物的8倍和越橘（Vaccinium vitisidaea）提取物的4倍以上。研究进一步扩展到其他浆果，如黑醋栗（Ribes nigrum）、红醋栗（Ribes rubrum）、醋栗（Ribes grossularia）和接骨木莓（Sambucus nigra），研究证明不老莓是所提及物种中最有效的抗氧化剂。

目前市场流行不同果汁的抗氧化能力比较[8]如表3-1所示。

表3-1　不同来源果汁的抗氧化能力

果　汁	TEAC（μmol/mL）①
不老莓果汁	65 ～ 70
石榴汁	41.6
蓝莓果汁	15.0
黑樱桃汁	13.6
蔓越莓果汁	10.4
橙汁	4.2（3.4 ～ 4.8）
苹果汁	3.6（2.7 ～ 4.3）
红酒	18.7

① TEAC，总抗氧化能力，数据以每毫升抗氧化剂当量的微摩尔数表示。

通过研究对2,2-二苯基-1-苦基肼(DPPH)自由基和2,2′-联氮双(3-乙基苯并噻唑啉-6-磺酸)(ABTS)自由基的清除作用,发现不同品种的不老莓提取物均在体外显示出显著的抗氧化活性。

研究表明,来自不老莓浆果的多酚化合物对齐拉西酮在体外诱导的血浆脂质过氧化有明显的降低作用。

研究还发现不老莓果汁在过氧化脂质体系统中起到对磷脂酰胆碱氧化的抑制作用,其效率大约是红醋栗果汁的2倍。此外,在上述实验中,不老莓果汁显然与α-生育酚发挥了协同作用,但该反应未在红醋栗果汁中观察到。

3.2.1 对血小板的影响

血小板是从骨髓成熟的巨核细胞胞浆解脱落下来的小块胞质。血小板的主要功能是凝血和止血,修补破损的血管。当血管破损时,血小板受到损伤部位激活因素刺激出现聚集,成为血小板凝块,起到初级止血作用,接着血小板又经过复杂的变化产生凝血酶,使邻近血浆中的纤维蛋白原变为纤维蛋白,互相交织的纤维蛋白使血小板凝块与血细胞缠结成血凝块,即血栓。

血小板不仅具有促进血栓形成的作用,而且是炎症和动脉粥样硬化的重要因素。被激活后的血小板通过表达和释放炎症介质,诱导白细胞的炎症作用,促进内皮细胞活化及变形,形成动脉粥样硬化和血管血栓病变。

不老莓提取物在体外对人血小板功能有显著影响。Olas

等人[9]研究表明，浓度为5～50 μg/mL的不老莓提取物（总多酚为309.6 mg/g）显示出由过氧亚硝酸盐诱导的对人血小板蛋白质和脂质的氧化/硝化损伤的保护作用，并且显著抑制了血小板蛋白质羰基化和硫醇氧化。不老莓提取物明显降低了由过氧亚硝酸盐引起的血小板脂质过氧化。当血小板暴露于浓度为0.1 mmol/L的过氧亚硝酸盐中时，血小板蛋白质中游离巯基明显减少。来自不老莓的提取物保护了血小板蛋白硫醇免受过氧亚硝基阴离子（$ONOO^-$）诱导的氧化作用，抑制了过氧亚硝酸盐的毒性。在另一组实验中，研究者观察到乳腺癌患者血小板蛋白质中氧化/硝化应激的生物标志物水平增加，如3–硝基酪氨酸。这项研究提供了不老莓提取物抗氧化特性及其清除过氧亚硝酸根的能力的证据，过氧亚硝酸根在血管系统中形成，其可能引起氧化/硝化压力，并损害血小板中的一些生物分子，如蛋白质和脂质。

据显示，不老莓提取物的抗血小板效果高于白藜芦醇，这表明该提取物作为人类饮食的一个组成部分，在预防涉及血小板的心血管或炎症疾病中可能发挥重要作用。实验表明，腺肋花楸提取物（5～50 μg/mL）能减少血小板黏附、聚集和血小板中负氧离子（O_2^-）的产生。

Malinowska等人[10]利用高同型半胱氨酸血症模型研究了不老莓提取物对血块形成和溶解的影响。研究发现不老莓提取物减少了同型半胱氨酸对纤维蛋白原或血浆止血性能的不良影响，这表明其在由高同型半胱氨酸血症诱导的CVD中可能具有保护性。此外，在高同型半胱氨酸血症模型中，不老莓提取物增强了血浆抗氧化活性，这能帮助人类调节血浆的止血性能。另一组体外实验显示，不老莓提取物延长了凝血时间，降低了人类血浆中纤维蛋白聚合速度。此外，研究发现将凝血酶与提取物一起孵育抑制了该酶活性。

Sikora等人[11]观察到，男性服用不老莓提取物1个月后，血小板聚集受到显著抑制。补充不老莓提取物不会影响受检患者血液中血小板的总数，但会延长达到峰值所需的时间。在内源性凝血酶诱导的凝血情况下，在补充不老莓提取物1或2个月后，凝血潜力显著降低。很明显，不老莓提取物的抗凝血活性不仅仅是由于其清除自由基的作用，而且还包括对某些酶的抑制作用。

3.2.2 对中性粒细胞的影响

活性氧物质（reactive oxygen species, ROS）参与各种生理和病理反应，如炎症信号传递、老化，神经变性病和癌症发生。机体内ROS的重要来源之一是活化的中性粒细胞和巨噬细胞。微量的ROS在某些生理过程中可发挥调控作用，尤其在信号传导方面。过量的ROS可引起细胞氧化损伤。虽然中性粒细胞在宿主防御中是最重要的吞噬细胞，但产生的ROS及蛋白水解酶、特别是嗜天青蓝颗粒中的中性蛋白酶是引起周围组织和其他血细胞损伤的重要因素，成为多种慢性炎症的重要病因。

Zielińska-Przyjemska等人[12]研究了不老莓果汁对肥

胖和非肥胖个体中性粒细胞氧化代谢和凋亡的体外影响。不老莓果汁以及花青素能显著抑制肥胖和非肥胖患者活化的多形核中性粒细胞的氧化代谢，进而导致氧化应激显著减少。用黑果腺肋花楸花青素补充剂膳食30天后可使高胆固醇血症患者的血细胞氧化状态显著改善。

3.2.3 对内皮细胞的影响

血管炎症是动脉粥样硬化发病机制中的主要疾病，可引发急性冠状动脉综合征。炎症过程的早期阶段是内皮激活，这是白细胞募集的直接原因。这一过程通过内皮细胞表面表达的细胞黏附分子（CAM）介导，黏附分子包括细胞间黏附分子-1（ICAM-1）和血管细胞黏附分子-1（VCAM-1）。CAM表达的改变与多种慢性炎症相关，包括动脉粥样硬化（AS）。动脉粥样硬化是一种具有慢性炎症反应特征的病理过程。血管内皮细胞在引发和扩大动脉炎症反应中起了关键的作用。以核转录因子（NF-κB）家族为调控中心的内皮细胞活化及炎症基因诱导途径有可能成为有关危险因子促动脉粥样硬化形成的共同途径。选择性保护内皮细胞，调节内皮细胞的炎症反应，可能是合理的AS治疗靶点之一。Zapolska-Downar等人[13]在用肿瘤坏死因子α（TNF-α）（10 ng/mL）治疗前，用不同浓度（主要是50 μg/mL）的不老莓提取物预处理人类主动脉内皮细胞（HAEC）。研究发现，被测提取物通过抑制ICAM-1和VCAM-1的表达来抑制内皮细胞的促炎反应，该提取物减弱了NF-κB p65的磷酸化，并减少了TNF-α处理的HAEC的细胞内ROS的产生。此外，受试提取物对TNF-α诱导的VCAM-1表达的抑制作用与布洛芬和吡咯烷二硫代氨基甲酸盐（PDTC）相似，对TNF-α刺激的ICAM表达的抑制作用远大于观察两种抗炎药物得到的效果。用不老莓提取物预培养血细胞导致TNF-α刺激的外周血单个核白细胞黏附性增加，这可能是不老莓提取物发挥抗炎和抗动脉粥样硬化作用的重要机制。同时发现，TNF-α诱导了更高水平的NF-κB磷酸化，当用不老莓提取物预处理时，这种磷酸化水平可以在血细胞中减少，这表明这种提取物在体外的抗炎特性至少部分是通过抑制NF-κB活化来介导的。细胞氧化还原状态调控转录因子NF-κB在TNF-α诱导的ICAM-1和VCAM-1表达中起着关键作用。众所周知，ROS参与NF-κB的活化，并干扰信号通路，这导致磷酸化和磷酸化激酶IκB的降解。基于这些结果，研究者认为，不老莓提取物对ICAM-1和VCAM-1表达以及NF-κB活化的抑制作用是其抗氧化特性导致的结果。

在另一组实验中，研究者发现不老莓提取物内皮依赖性血管舒张效果均高于越橘和接骨木莓提取物。众所周知，ROS可通过直接损伤内皮和化学猝灭一氧化氮（NO），来损害内皮NO功能，所以可通过增强或保护内皮NO系统，或清除并灭活ROS的因子，达到预防心血管疾病目的。不老莓提取物之所以具有血管保护作用，是因为其具有高

抗氧化活性，这将降低抵达动脉内皮的超氧化物或ROS的有效浓度。更为重要的是，这种防止内皮依赖性损失、NO介导舒张损失的能力可以在极低浓度（口服不老莓产品后，可在人血浆中获得该浓度）中实现。

3.2.4　对癌细胞的影响

在癌症治疗（放射治疗或化疗）期间，患者体内容易产生大量ROS，诱导细胞损伤。例如，临床上用于抗癌治疗的广谱化疗药物——阿霉素，却有很大的毒副作用。它在药物代谢过程中容易诱导ROS的产生，降低谷胱甘肽水平，诱导血小板的细胞毒性。从乳腺癌患者分离出的血小板不仅可以产生O_2^-，还可以产生过氧亚硝酸盐，此外，化疗第Ⅰ阶段后的血小板O_2^-水平显著高于手术前或手术后水平，这表明化疗可使血小板中生成ROS。

ROS造成的损害，与包括癌症在内的多种疾病的发病机制有关。活性氧增加会增加突变率，促进正常细胞向肿瘤细胞转化，活性氧也能促进驱动肿瘤发生和进展中重要信号分子的稳定，也就是说，活性氧不仅是肿瘤产生的因素，也是肿瘤恶化的因素。大量证据表明，在癌症期间，人体的内源性抗氧化保护系统已经不起作用。据报道，一些恶性肿瘤中谷胱甘肽的含量发生了变化，这可能会促进浸润性乳腺癌患者和良性乳腺疾病患者的氧化应激。

不老莓提取物和其他产品可以降低乳腺癌患者手术前后以及肿瘤治疗各个阶段的氧化应激。由于抗氧化作用，

不老莓提取物显著降低了乳腺浸润性癌患者术后血小板氧化/硝化应激，癌症患者红血细胞中还原型谷胱甘肽的含量也有所降低。Olas等人[14]研究表明浸润性乳腺癌患者和良性乳腺疾病患者血浆中总谷胱甘肽、半胱氨酸和半胱酰甘氨酸的水平比健康志愿者对照水平低50%。此外，对比健康组，患者血浆中硫醇化合物的还原形式（GSH、CSH和CGSH）和氧化形式（GSSG、CSSC和CGSSGC）的水平也发生变化。相反，浸润性乳腺癌患者血浆中的同型半胱氨酸水平比对照组血浆中的同型半胱氨酸水平高15%。当存在不老莓提取物（50 μg/mL）时，浸润性乳腺癌患者和良性乳腺疾病患者血浆中巯基含量的变化在体外显著减弱，对比相同浓度的纯白藜芦醇，不老莓提取物的抗癌作用更有效。

通过增强血浆SOD或其他酶，不老莓多酚可以诱导抗氧化能力的提高。Malik等人[15]揭示，将人体HT-29结肠癌细胞暴露于不老莓花青素提取物的50 μg/mL中24小时，可产生60%的生长抑制效果。不老莓提取物以浓度依赖性方式抑制HT-29细胞中环氧合酶-2（COX-2）基因表达。正常结肠细胞NCM 460中并未显示COX-1或COX-2基因的表达出现显著变化。环氧合酶催化花生四烯酸的氧化，促使形成前列腺素。大量流行病学研究表明，COX基因的抑制与结肠癌的预防有关，并且在结肠直肠腺瘤和癌中观察到COX-2表达的上调。抑制COX-2酶的药物，特别是非甾体抗炎药，可以延缓或预防结肠癌。Zhao等人[16]研究

了富含不老莓花青素的提取物对结肠癌的潜在化学预防活性。实验测定了暴露于提取物（10 ～ 75 μg/mL）的结肠癌衍生HT-29和无致癌性结肠NCM 460细胞的生长情况。研究发现，暴露于25 μg/mL提取物48小时后，HT-29细胞生长受到50%的抑制。最为重要的是，较低浓度的提取物不会抑制NCM 460细胞的生长，这说明相比无致癌性结肠细胞，对结肠癌细胞的生长抑制更强。

Gasiorowski等人[17]在艾姆斯（Ames）试验中证实，从不老莓果实中分离出的花青素提取物可以抑制苯并芘和2-氨基芴的诱变活性，且在体外培养的人体血源性淋巴细胞中观察到苯并（a）芘（Benzo(a)pyrene）诱导的姐妹染色单体交换频率显著降低。研究结果表明，花青素的抗突变作用主要是通过自由基清除作用实现的。

Bermúdez-Soto等人[18]证明，反复暴露于不老莓果汁对人体结肠直肠癌细胞系Caco-2具有有效的体外增殖抑制效果，这种增殖抑制效果与G2/M细胞周期阻滞有关。通过对基因表达的分析，他们检测到了几种结肠癌典型肿瘤标记物mRNA水平的变化，以及与治疗相关的参与增殖和细胞周期的蛋白质mRNA水平的变化。

Lala等人[19]用富含花青素的不老莓提取物喂食用结肠致癌物氮氧基甲烷诱导的雄性大鼠14周，检测结肠异常隐窝病灶的数量和多样性、结肠细胞增殖、DNA氧化损伤水平以及环氧化酶基因的表达等结肠癌生物标志物。与对照组相比，这些特定的生物标志物在接受处理的大鼠体内

含量较低，说明该提取物在结肠癌发生过程中具有保护作用，并表明多种作用机制。如前所述，大肠杆菌的一些菌株可以水解不老莓中丰富的绿原酸，释放咖啡酸，而咖啡酸是一种更强效的抗氧化剂。

Sharif等人[20]观察了富含多酚的不老莓果汁（内含7.15 g/L多酚）对急性淋巴细胞白血病Julkat细胞系的抗癌效果。实验结果表明，该果汁抑制了癌细胞增殖，同时引起细胞凋亡。在另一项研究中发现，不老莓提取物对白血病细胞表现出大于90%的抑制活性。

尽管大部分不老莓多酚类物质在消化过程中会转化，但它们仍然可以作为强力抗氧化剂和抗增殖剂。研究发现，被消化的研究果汁使Caco-2细胞增殖率降低约25%。

3.2.5　对胰岛 β 细胞的影响

胰岛 β 细胞是氧化应激的重要靶点。β 细胞内抗氧化酶水平较低，故对ROS较为敏感。当 β 细胞暴露于过量游离脂肪酸和慢性高血糖可诱发氧化应激。ROS可直接损伤胰岛 β 细胞，促进 β 细胞凋亡，还可通过影响胰岛素信号转导通路间接抑制 β 细胞功能。β 细胞受损，胰岛素分泌水平降低、分泌高峰延迟，血糖波动加剧，因而难以控制餐后血糖的迅速上升，对细胞造成更为显著的损害。

Rugină等人[21]评估了纳摩尔浓度条件下不老莓提取物对高剂量葡萄糖诱导的胰岛 β 细胞氧化应激的保护作用。结果表明，相比未经处理的细胞，不老莓花青素对细胞

内ROS物质具有清除作用，花青素对谷胱甘肽（由高血糖诱导）的减少与剂量有关，随剂量增加，其抑制作用增强。由于高血糖导致糖尿病相关肝脏并发症发生病理性改变，氧化应激有所增强。谷胱甘肽（GSH）抗氧化系统对于抵抗氧化应激诱导的细胞内损伤至关重要。

在最近的一项研究中，Zhu等人[22]观察到，使用花青素-3-葡萄糖苷处理人体肝癌HepG2细胞时，显著降低了高血糖诱导的ROS水平。花青素-3-葡萄糖苷培养增加了谷氨酸-半胱氨酸连接酶的表达，这种表达独立于Nrf1/2转录因子，并介导ROS水平的降低。花青素通过蛋白激酶A（PKA）激活，增加cAMP应答元件结合蛋白（CREB）的磷酸化。花青素-3-葡萄糖苷降低ROS水平，导致磷酸丝裂原活化蛋白激酶-4（MK44）-Jun氨基末端激酶（JNK）信号通路受到显著抑制，从而导致促凋亡Fas减少。因此，花青素显著降低了HepG2细胞的凋亡，提高了其生存能力。

3.3 不老莓提取物的体内抗氧化活性

一项针对实验诱导的氧化应激（高糖饮食和链脲佐菌素注射）大鼠的研究表明，不老莓提取物的摄取可使肝脏、肾脏和肺部抗氧化状态显著改善。

除了链脲佐菌素，其他化学物质诱导氧化应激同样可

以通过不老莓提取物来得以缓解。

研究表明，用做膳食补充剂的不老莓果汁基本上可以防止脂质过氧化，并且抑制暴露于CCl_4的大鼠肝脏中还原型谷胱甘肽（GSH）的水平。

事实证明，不老莓提取物能有效缓解物理因素引起的氧化应激。在受γ辐射的动物中，添加腺肋花楸果的摄食显著延缓了脂质过氧化作用。

除了在大鼠模型中的研究，黑果腺肋花楸的抗氧化活性也在人体中进行了检测，这通常与氧化应激现象有关，而氧化应激伴有一些代谢问题，如高胆固醇血症和糖尿病。

Ryszawa等人[23]研究了具有显著心血管危险因素（高血压、高胆固醇血症、吸烟和糖尿病）的受试者摄取不老莓提取物后，其体内血小板超氧化物生成和聚集的情况。与对照组相比，心血管风险患者体内产生的超氧化物水平明显更高。但不老莓提取物使心血管风险患者体内超氧化物的产生降低，并呈现显著的浓度依赖性——即浓度增加，生物效应随之增强。而对照组未观察到任何效果。

3.3.1 肠胃道保护作用

俗话说“十人九胃病”，可见胃病是很常见的病，也是很难彻底治愈的病，在人群中发病率高达80%。胃肠功能紊乱，临床表现以胃肠道症状为主。

氧化应激产生的过量活性氧会损伤胃肠道黏膜的屏障功能。饮食中含有各种氧化物质，包括铁、铜等金属离子和血

红素、脂质氢过氧化物、乙醛以及亚硝酸盐，因此可以在餐后状态下观察到过氧化脂质水平有所升高。肠道中吞噬细胞的激活也可能增加活性氧和活性氮（ROS/RNS），胃液可能促进脂质过氧化反应。这些氧化剂可能会在胃肠道中引起氧化应激，从而诱发胃溃疡并恶化成胃癌、结肠癌和直肠癌。

食物中含有的抗氧化剂可能会在其被吸收前抑制胃肠道中的氧化应激和相关疾病。因此，抗氧化剂在肠胃道保护中的作用非常重要。

Valcheva-Kuzmanova等人[24]研究表明，不老莓果汁能显著减少吲哚美辛诱导的大鼠胃溃疡的次数和面积，并随剂量增加，效应增强。使用吲哚美辛导致了脂质广泛过氧化反应，胃黏膜中丙二醛（MDA）的积累就证明了这一点，与其他研究一样，这些研究表明ROS在吲哚美辛等非甾体抗炎药导致的黏膜损伤中发挥一定作用。不老莓果汁能使脂质过氧化反应显著降低，从而实现胃保护作用，其评价指标为胃和血浆中MDA的浓度。此外，不老莓果汁还引起黏液分泌增加，这是对抗引发胃溃疡的吲哚美辛的另一种保护机制。

3.3.2　肝脏保护作用

尽管目前肝脏损伤的研究中导致肝损伤的确切机制还不清楚，但各种因素导致的氧化应激在肝损伤中的作用已愈加明晰。活性氧自由基引发的氧化应激是多种肝病发病的共同病理生理基础。氧化应激主要通过启动膜脂质过氧

化改变生物膜功能、与生物大分子共价结合及破坏酶的活性等在细胞因子（如TNF-α、NF-κB）的共同作用下引起不同程度的肝损伤。氧化应激在脂肪肝、病毒性肝炎、肝纤维化等肝病中可产生不容忽视的作用。

许多肝脏疾病存在高水平的ROS，并且氧化的蛋白量和脂质的修饰量与疾病的严重程度以及疾病进展有一定的关联性。这个发现为抗氧化治疗提供了可能性。

Atanasova-Goranova等人[25]发现使用氨基吡啉加亚硝酸钠喂养大鼠后，摄入不老莓果汁能够抑制内源性致癌物N-亚硝胺的生成。在此研究中，使用不老莓果汁协助治疗，可阻止大鼠（已经使用亚硝胺前体喂养）肝脏中的组织病理学变化。不老莓果汁对血液和肝脏可变因素产生了积极影响，这可通过谷草酰乙酸转氨酶、谷草酰丙酮转氨酶、血清尿酸、肝细胞脂质含量降低予以证实。不老莓果汁对四氯化碳（CCl_4）诱导的大鼠急性肝损伤的保肝作用也得到了证实。四氯化碳增加了血浆天冬氨酸转氨酶（AST）和丙氨酸转氨酶（ALT）的活性，诱导脂质过氧化（通过测定大鼠肝脏和血浆中MDA的含量），并耗减了肝脏还原型谷胱甘肽（GSH）。不老莓果汁减少大鼠肝脏的坏死变化与其剂量有关，它抑制了四氯化碳诱导的血浆AST和ALT活性的升高，并防止了大鼠肝脏中MDA的形成和GSH含量的减少。

多项研究表明，不老莓中存在的多酚可以调节Ⅰ相和Ⅱ相解毒酶，也参与N-亚硝基二乙胺（NDEA）的活化和解

毒。Ping-Hsiao等人[26]证实了花青素通过激活Ⅱ期酶发挥其抗氧化作用。研究结果表明，花青素可提高抗氧化能力，包括谷胱甘肽相关酶（谷胱甘肽还原酶、谷胱甘肽过氧化物酶和谷胱甘肽S-转移酶）的活化表达和补充的GSH含量。此外，花青素也提高了NAD（P）H：醌氧化还原酶（NQO 1）的活性。其作用是防御H_2O_2引发的细胞程序性死亡。所有这些都表明花色素苷花青素可以有效刺激抗氧化系统，抵抗氧化剂引起的损伤。

高血糖被认为是糖尿病相关代谢综合征患者肝脏临床表现恶化的主要因素之一。持续和慢性高血糖会导致氧化应激增加，进而降低抗氧化防御系统的能力，并通过多种途径加速糖尿病并发症的恶化。由于产生过多的ROS，有时会导致细胞损伤和凋亡或坏死，从而可能导致肝脏组织的毁灭性损伤和功能障碍。因此，防止氧化应激和过氧化肝损伤似乎是预防糖尿病肝病的关键目标。在哺乳动物中，依赖谷胱甘肽（GSH）的抗氧化系统在抵御活性氧化物质的细胞防御中起着重要作用。GSH的细胞保护功能是由于它能够直接与活性亲电试剂发生反应。细胞GSH储存耗尽会损害细胞氧化还原平衡和细胞活力。Zhu等人[22]研究证实，在体内使用花青素-3-葡萄糖苷治疗db/db小鼠（diabetes mouse，糖尿病小鼠），通过蛋白激酶A-cAMP反应元件结合蛋白（protein kinase A-cAMP response element binding protein, PKA-CREB）诱导Gclc基因表达，增加了肝脏中GSH的合成。这种功效具有剂量依赖性，随剂量增加

表达增强，并且大幅增加了GSH/GSSG的比值，GSH/GSSG被认为是氧化防御/应激的一个指标。

通过脂质过氧化、中性粒细胞浸润和肝脂肪变性测定的氧化应激在接受花青素-3-葡萄糖苷治疗的db/db小鼠中也有所减弱。所有这些结果均表明，花青素-3-葡萄糖苷通过一种新的抗氧化防御机制即通过激活GSH合成防止过量ROS生成，从而有助于预防高血糖引起的肝脏氧化损伤。ROS的生成还可能刺激促炎细胞因子，导致肝细胞衰老和细胞炎症，最终恶化成糖尿病性肝病。花青素-3-葡萄糖苷能够抑制由氧化应激引起、由高血糖诱导的脂肪变性，这表明花青素-3-葡萄糖苷可预防由高血糖引起的肝损伤。

3.3.3 降压降脂作用

高血压的病理生理机制复杂，其共同特点是活性氧的利用度增加，即氧化应激。氧化应激是血管损伤的重要因素，而血管受损后其收缩和舒张功能失调是血压异常的关键。在心血管系统中，活性氧在控制血管内皮功能、血管张力和心功能方面有着重要作用，并在炎症、肥大、增殖、凋亡、迁移、血管生成等病理生理过程中也发挥一定的作用，均参与了高血压所致的内皮功能障碍。

低密度脂蛋白（LDL）在动脉内膜的沉积是动脉粥样硬化（AS）始动因素。在血管细胞分泌的ROS作用下，“原始”LDL成为氧化型LDL（Ox-LDL），刺激内皮细胞分泌多种炎性因子，诱导单核细胞黏附、迁移进入动脉内膜，转

化成巨噬细胞。Ox-LDL还能诱导巨噬细胞表达清道夫受体，促进其摄取脂蛋白形成泡沫细胞。同时，Ox-LDL是NADPH氧化酶激活物，能增强其活性，促进ROS产生，也更有利于LDL氧化为Ox-LDL。另外，Ox-LDL能抑制NO产生及其生物学活性，使血管舒张功能异常。

有人研究观察了不老莓果汁和提取物的降压作用。与对照组相比，用不老莓提取物治疗患有自发性高血压的大鼠，其心脏收缩压明显较低。这种效果的持续时间似乎较短，通常在摄入3小时后效果最强。多酚的血管舒张特性似乎具有内皮依赖性，研究表明不老莓多酚通过激活内皮一氧化氮氧化酶来增强内皮一氧化氮的生成。Naruszewicz等人[27]在一项双盲、安慰剂对照平行试验中对44名接受了至少半年他汀类药物治疗的心肌梗死存活者进行了研究，揭示了该降压药的效果。该研究表明，不老莓多酚降低了心肌梗死患者炎症的严重程度，并可在临床上用于缺血性心脏病的二级预防。与安慰剂相比，不老莓黄酮类化合物显著降低了血清8-异前列腺素和氧化型LDL（Ox-LDL）水平。Ox-LDL诱导巨噬细胞形成泡沫细胞，泡沫细胞是早期动脉粥样硬化病变的基础。此外，与安慰剂相比，黏附分子VCAM、ICAM和MCP-1水平也显著降低。同时，在用不老莓提取物治疗的组中，白细胞介素（IL-6）和超敏C反应蛋白（hs-CRP）水平显著下降，这可能与用不老莓多酚治疗的患者氧化应激水平大幅降低有关。

由不老莓黄多酚引起的氧化应激水平降低的另一个结

果就是血液中Ox-LDL减少。Kawai等人[28]进行的免疫组织化学研究显示，槲皮素-3-葡萄糖醛酸苷是循环系统中主要的槲皮素代谢物之一，聚集在人动脉粥样硬化病变的巨噬细胞衍生的泡沫细胞中。槲皮素-3-葡萄糖醛酸苷治疗抑制了A类清除剂受体和CD36的mRNA表达，它们在泡沫细胞的形成中起关键作用。同样，免疫组织化学研究也表明，表儿茶素-3-没食子酸酯定位于巨噬细胞衍生的泡沫细胞中，同样抑制CD36的基因表达。这些发现为膳食类黄酮的生物利用度及其在预防心血管疾病方面的潜在机制提供了新的见解。

LDL胆固醇和甘油三酯参与动脉粥样硬化的发展是现代生理学中最好的实例之一。在许多大范围人群研究中，发现LDL胆固醇或甘油三酯与心血管事件的风险呈正相关。许多干预试验显示了降低这些脂质水平的好处，因为高脂血症是动脉粥样硬化和心血管疾病（CVD）的主要危险因素之一，其特征是低密度脂蛋白（LDL）胆固醇增加和高密度脂蛋白胆固醇降低。多项研究报道了不老莓产品的降脂作用。有人研究了在饮食中补充腺肋花楸提取物后，患有糖尿病前期和高脂血症的大鼠促氧化模型的肠道、血液和内脏器官的变化。实验使用了一种高果糖饮食组合，被描述为高甘油三酯血症和促氧化，补充饱和脂肪，以及注射低剂量的链脲佐菌素（STZ），这是氧化应激和部分β胰岛细胞坏死的诱因。研究发现膳食补充不老莓提取物降低了麦芽糖酶和蔗糖酶的活性，并提高了小肠黏膜中乳糖酶

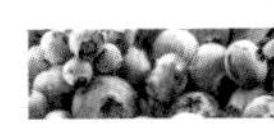

的活性。不老莓提取物的摄入也促进了抗氧化状态的改善，特别是使肝、肾和肺等器官中脂质过氧化指标（TBARS）的浓度降低，并趋于正常。除此之外，实验还观察到明显的降胆固醇和降血糖作用。

Valcheva-Kuzmanova等人[29]观察到的提取物的降血糖作用与在STZ诱导的糖尿病大鼠模型实验中观察到的不老莓果汁的降血糖作用一致。其作用机制是刺激细胞摄取葡萄糖和糖原合成、增加胰岛素分泌以及保护胰腺β细胞免受STZ和葡萄糖诱导的氧化应激。研究还发现不老莓果汁显著阻碍了喂食含胆固醇饮食的大鼠血脂（总胆固醇、LDL胆固醇和甘油三酯）的增加。在另一项针对被诊断患有轻度高胆固醇血症的男性的人体干预研究中，定期饮用不老莓果汁可以降低总胆固醇、LDL胆固醇和甘油三酯。虽然确切的机制尚不清楚，但是几个潜在的机制可以解释不老莓的降脂作用。这种机制可能是，如儿茶素抑制胆固醇吸收和花青素改善脂蛋白分解代谢等。

3.3.4　其他方面

在患有其他代谢问题的个体（如少精子症男性和妊娠合并宫内发育迟缓的妇女）中，不老莓提取物也显著降低了氧化应激作用。

不仅仅在患有严重疾病的过程中，人类的氧化应激在体育锻炼中也会被诱发。正常情况下，机体ROS的产生和清除是处于动态平衡状态的，但是在剧烈运动过后，机体产

生的ROS超过机体的清除能力，就会发生氧化应激，造成蛋白质、脂质、核酸等物质的氧化损伤。

研究发现，与对照组相比，在为期一个月的训练营中，在赛艇运动员的饮食中添加不老莓果汁，结果发现运动后采集的血液样本中硫代巴比妥酸反应性物质浓度显著降低。在注射花青素的受试者中，训练后谷胱甘肽过氧化物酶和超氧化物歧化酶的水平较低，这表明运动诱导的氧化应激作用明显减轻。

由此可见，补充不老莓果汁可以抑制因体力活动增加而产生的氧化应激。

第 4 章

不老莓潜在的药理活性

不老莓浆果属于体外抗氧化活性最高的水果之一，由于生物活性成分的存在和高含量，主要是多酚（酚酸、类黄酮，如花青素、原花青素、黄烷醇和黄酮醇）使其能在治疗与氧化应激相关的慢性疾病（特别是糖尿病、心血管疾病和癌症）中得到有效的利用。不老莓不仅是一种食物成分，而且在草药中也越来越受欢迎，特别是在俄罗斯和东欧国家，它经常被用做天然抗高血压和抗动脉粥样硬化药物。除此之外，已经证明了不老莓提取物还有许多其他积极的医药和治疗益处，如抗炎、抗菌、保肝、护胃和免疫调节活性。

4.1 预防慢性疾病的基础抗炎作用

炎症是人体对抗刺激自发的防御性反应，通常情况下，炎症是有益的。但国内外研究表明，如果身体长期处于慢性炎症状态，就会诱发一系列严重疾病。

一项由芬兰、澳大利亚和英国的几所大学和研究机构合作进行的最新研究表明，慢性炎症会增加疾病风险、缩短寿命。研究人员使用来自11 000多名芬兰志愿者的数据和样本进行研究，他们首次在一项研究中能够将慢性炎症与多种疾病风险增加联系起来。他们发现，低水平炎症与8年随访期间心血管疾病、肝肾疾病、肺病、类风湿性疾病和感染易感性等疾病风险增加有关。

几乎所有疾病皆来自身体的慢性炎症。

1）糖尿病

体重增加、肥胖多表现为血脂、血糖增加。超重者，特别是腹部肥胖者，体内脂肪细胞因子的表达发生变化，促炎症因子上调而抗炎症因子下调，机体的平衡被打破，直接促成慢性炎症反应。而炎症又会激发内质网应激，影响胰岛素的合成和分泌，诱导胰岛素抵抗Ⅱ型糖尿病、心血管疾病等，进一步破坏机体代谢功能，如此形成恶性循环。

近年来的研究显示Ⅱ型糖尿病是一种慢性炎症疾病，许多炎症因子，如TNF-α、IL-6、CRP、PAI-1不但直接参与胰岛素抵抗，而且与糖尿病大血管并发症的危险性联系紧密，在Ⅱ型糖尿病的发生发展进程中起着重要作用。

2）阿尔茨海默病

炎症反应过程，可能导致神经系统细胞的损伤。近年来越来越多的研究显示，阿尔茨海默病（AD）患者脑内持

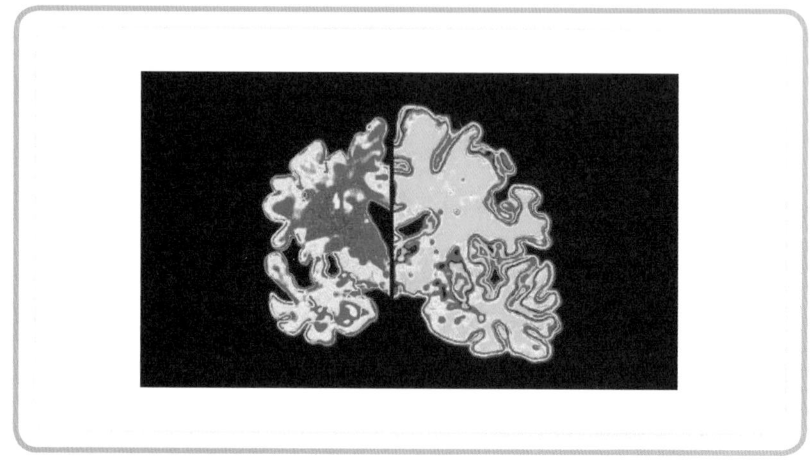

续存在着慢性炎症反应，并可能是其重要病理特征形成和发展的诱发因素。慢性炎症引起炎症因子持续释放，促进脑内产生β-淀粉样蛋白（Aβ），减少可溶性淀粉酶前体蛋白-α（sAPP-α）释放，胶质细胞大量凋亡、坏死，进一步影响神经元的存活。而病变中损害的神经元和神经原纤维（NFT）又刺激机体产生更多炎症因子。所以说炎症因子的长期存在会增加患阿尔茨海默病的风险。

最新发表在杂志*Brain*上的一项研究论文中，来自加利福尼亚大学的研究人员通过研究，利用一种治疗癌症的化合物减缓了机体大脑对特殊β淀粉样蛋白斑块的反应，而β淀粉样蛋白斑块是阿尔茨海默病发病的标志。研究发现，“冲掉”对β淀粉样蛋白斑块产生反应的大量炎性细胞或许可以帮助恢复小鼠的记忆功能。

3）动脉粥样硬化和冠心病

免疫功能紊乱导致的炎症会侵入血管壁内部造成血管

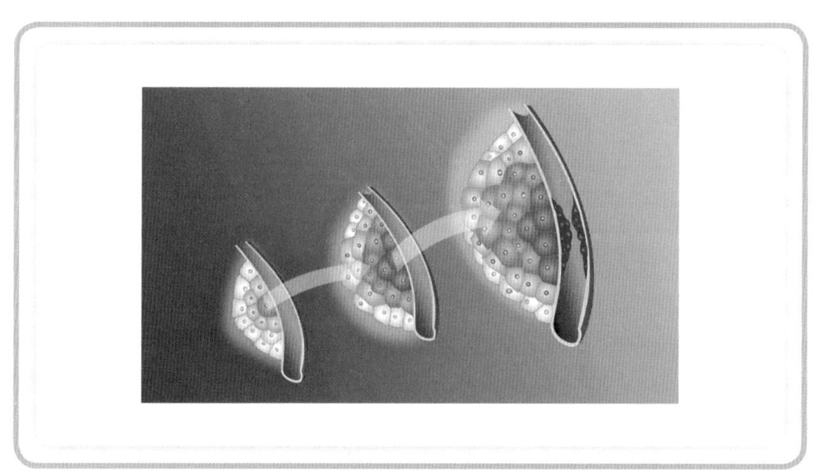

壁破损，在血管中形成斑块、血栓，从而导致动脉粥样硬化和冠心病等疾病的发作。

4）抑郁症

美国埃默里大学医学院精神病学和行为科学教授安德鲁·米勒表示，炎症是抑郁症的可能病因之一，慢性炎症的轻微增加都会导致抑郁症患病率上升。

目前有研究表明炎症因子可诱导下丘脑及垂体等部位的皮质激素受体功能发生改变，使负反馈功能受影响，导致下丘脑–垂体–肾上腺轴的长期激活，引起抑郁症的发生。

临床抑郁症患者无论是否伴有其他躯体疾病，与正常对照组相比，其外周血及脑脊液中均发现明显的炎症因子表达增高的迹象。

5）癌症

长期的炎症状态可能会使免疫系统功能紊乱，识别和

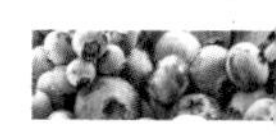

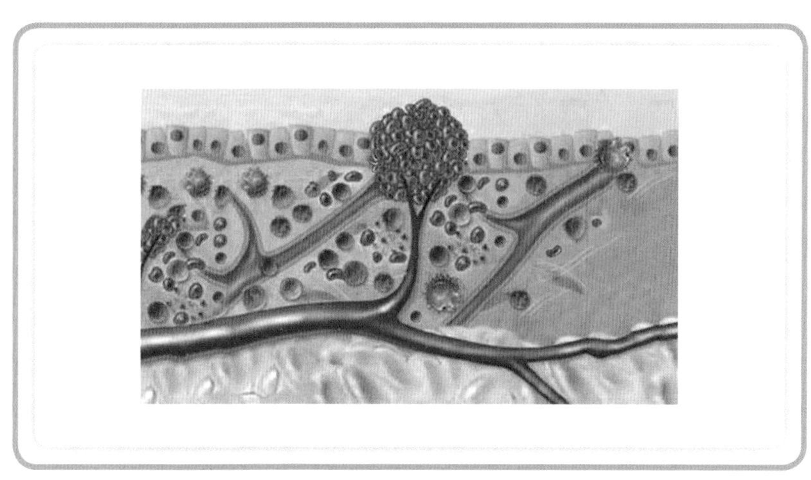

清除肿瘤细胞的能力产生障碍，还可能会为肿瘤细胞的增长提供微环境，引发肿瘤癌症。现代肿瘤学认为，肿瘤相关性炎症正是肿瘤微环境形成的显著特点之一。比如幽门螺旋杆菌感染导致的胃炎，持续存在变成慢性萎缩性胃炎，就可能发展为胃癌。美国约翰-霍普金斯大学基梅尔癌症中心的学者发现，慢性炎症还可能和前列腺癌、肺癌、食道癌等肿瘤的发生存在关联。

6）与神经系统疾病密切相关

最近一项由CAMH研究者们所做的大脑成像研究首次揭示了患有强迫症（OCD）的患者大脑炎症反应相比健康人群高。相关结果发表在*JAMA Psychiatry*杂志上。这一研究对于治疗该类精神紊乱疾病具有重要的指导意义。该研究囊括了20名患有OCD的患者以及20名健康人。研究者们利用一种化学荧光染料对激活状态下的大脑中一类称为星状细胞的免疫细胞进行了标记，并且通过大脑成像

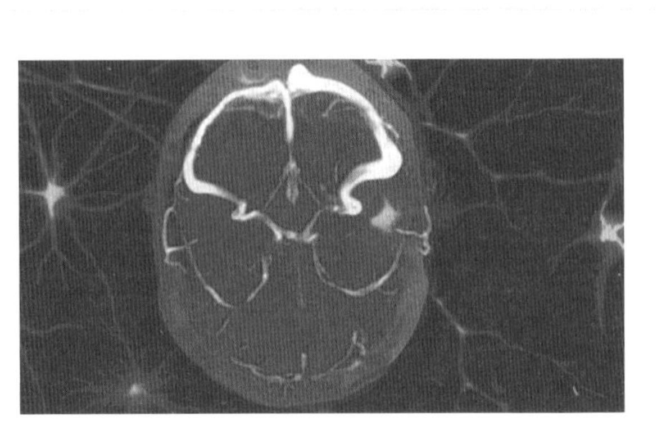

的手段观察了脑部不同区域的炎症反应。结果显示，OCD患者的平均炎症反应强度比正常人群高出30%。

慢性炎症的病程较长，可持续数月至数年以上，由急性炎症迁延而来，有的是由于致炎因子的持续刺激而造成。一开始人体可能难以察觉，直到数年后症状加重才被发现。

慢性炎症的引发与如下不良生活习惯密不可分。

（1）不良用餐习惯　部分慢性炎症是由细菌、病毒感染所致，即细菌性炎症。比如，在外饮食不注意餐具的卫生，会感染幽门螺旋杆菌，引发胃炎，提升罹患胃癌的风险。

（2）高热量食物　血管硬化斑块与甜食、油炸类食品摄入过多有关，这会导致血脂升高，促使细胞局部释放炎症因子，进而引起血管内皮损伤。

（3）心情抑郁　心情郁闷、压力过重会使肾上腺素、肾上腺糖皮质激素分泌过多，增加细胞因子分泌，导致慢性炎症。

（4）久坐不动　久坐不动不仅会使脂类、糖类代谢紊乱，还可能使血管循环不畅通，尤其是下肢，出现局部微血栓和局部血管炎症，导致下肢血管炎症疾病等。

（5）抽烟喝酒　喝酒对肝脏细胞损伤很大，使得由肝脏产生的免疫分子减少，免疫系统功能下降。而抽烟会导致气道及肺部发炎，甚至可能引发肺癌。

（6）常常熬夜　熬夜增加人体有毒有害物质的生成，免疫系统清理它们的负荷相应增加。一旦昼夜规律被打破，免疫系统内在调控的节奏也会发生改变，进而诱发炎症。

（7）用药不当　过度使用一些药物，会杀死某些正常细胞，导致局部菌群失调，引起炎症反应。

近年来，我国各类炎症性疾病发病率持续走高。

据报道，全国慢性咽炎、鼻炎发病率高达87.3%；慢性胃炎发病率为30%；慢性肾炎发病率达11%，且呈不断上升趋势。不同的炎症可能是由不同细菌和病毒引发的。

不老莓果实的抗炎特性与预防慢性疾病的发展有关，如糖尿病、心血管疾病和免疫系统慢性病等。

最早记录在案的不老莓潜在作用的实验室证明是Borissova和同事在1994年验证的抗炎作用。在大鼠足趾肿胀实验中，不老莓花青素比芦丁更能有效地抑制炎症。Ohgami等人[30]在内毒素诱导的大鼠葡萄膜炎试验中证实了不老莓提取物的强效抗炎作用。作用24小时后，双眼房水中的炎性细胞数量、蛋白质浓度以及NO、前列腺素

(prostaglandin E2, PGE-2) 和TNF-α 水平随不老莓提取物的浓度增加而降低。100毫克不老莓提取物的抗炎作用与10毫克泼尼松龙一样强，并且比花青素或槲皮素（提取物的另一种成分）更强。同一提取物同时抑制脂多糖（LPS）诱导的一氧化氮合酶和COX-2蛋白在小鼠巨噬细胞株中生成，表明其在涉及多种炎症介质的通路中发挥作用。

有人利用原代C57/BL6小鼠脾细胞表征了不老莓浆果及其多酚的抗炎作用。不老莓浆果和提取物可抑制LPS刺激的IL-6细胞因子释放。

4.2 抗菌、抗病毒活性

植物提取物的抗菌作用通常基于酚类（简单酚类、酚酸类、醌类、黄酮、类黄酮、黄酮醇、单宁类和香豆素）、萜类和精油、生物碱、凝集素和多肽。非常有效的抗菌成分是浆果作物中的花青素。浆果和其他含花青素的水果的抗菌活性可能是由多种机制和协同作用引起的，因为它们含有各种化合物，包括花青素、弱有机酸、酚酸及其不同化学形式的混合物。

研究证实，不老莓果汁对金黄色葡萄球菌和大肠杆菌具有体外抑菌活性。不老莓果实的水和乙醇提取物对革兰氏阳性菌蜡样芽孢杆菌和金黄色葡萄球菌具有抗菌活性。研

究发现不老莓乙醇提取物是蜡状芽孢杆菌生物膜形成的最有效抑制剂。此外，不老莓化合物（黄酮、查尔酮、黄酮醇、黄烷、黄烷酮、异黄酮、新黄酮和二氢黄酮醇）也具有抗生物膜活性，并且对筛选物种没有毒性。与常规抗菌剂相比，这种无毒的抑制作用可能会降低细菌耐药性发展的可能性。

Handeland等人[31]的研究显示，食用不老莓果汁似乎对抗生素治疗的尿路感染（UTI）也有效。在6个月的时间里，养老院的居民服用这种果汁（每天156 mL），其特点是总酚含量高，包括原花青素、花青素和绿原酸。结果显示，在果汁给药期间，观察到抗生素使用量减少。

Sehee等人[32]通过测试研究不老莓对不同季节性和奥司他韦抗性流感病毒的不同菌株的抗流感效力，发现含有多种多酚成分的不老莓浆果对不同亚型流感病毒H_1/K_{09}、H_3/PE_{16}、B/BR_{60}（包括奥司他韦抗性菌株H_1/K_{2785}和rH5/ISo6）具有体外和体内功效。在低浓度下，不老莓能够抑制H_1和H_3病毒以及奥司他韦耐药菌株H_1/K_{2785}中几乎70%的病毒噬斑。其他研究也证实了其对A型流感病毒的抗病毒活性。

4.3 胃保护活性

众所周知，不老莓浆果也因其胃保护作用而闻名，因为许多黄酮类化合物具有抗氧化和抗炎特性。

消化性溃疡是一种涉及胃黏膜感染的复杂疾病。Valcheva-Kuzmanova等人[24]研究了不老莓果汁对雄性Wister大鼠模型吲哚美辛诱导的胃黏膜损伤的影响，及其对胃氧化状态的可能干扰。胃黏膜丙二醛（MDA）、还原型谷胱甘肽和氧化型谷胱甘肽浓度以及血浆MDA浓度被用做氧化应激的生化指标。实验结果表明，不老莓果汁减少了吲哚美辛引起的胃黏膜损伤。不老莓果汁的胃保护作用伴随着脂质过氧化显著减少。

4.4 抗糖尿病活性

不老莓浆果能有效改善葡萄糖代谢，因此它们似乎是治疗糖尿病的好选择。不老莓富含花青素，这与减少消化系统中的糖和脂质吸收有关，可能有助于预防肥胖。不老莓的多酚化合物可以通过抑制α-葡萄糖苷酶和α-淀粉酶活性来控制餐后高血糖，从而通过抑制α-葡萄糖苷酶降低血糖水平，防止糖尿病的发作。花青素如矢车菊素-3-芸香糖苷可能会抑制肠道α-葡萄糖苷酶，延缓糖的吸收，也可用于预防和控制糖尿病。Worsztynowicz等人[33]研究了不老莓提取物对猪胰腺α-淀粉酶和脂肪酶活性的影响，这两种酶是消化系统中的关键酶。体外研究

表明，甲醇提取物、水提取物和乙酸浆果提取物对α-淀粉酶和脂肪酶有抑制作用。甲醇提取物和乙酸提取物显示出较高的抑制活性。最有效的胰α-淀粉酶抑制剂是绿原酸。这些发现似乎表明，使用不老莓有助于其抗肥胖活动。

研究发现，不老莓提取物通过调节与胰岛素信号传导、脂肪生成和炎症相关的多种途径来降低与胰岛素抵抗相关的风险因子。不老莓花青素可以使糖尿病患者和链脲佐菌素-糖尿病大鼠的碳水化合物代谢正常化。临床证据表明，富含多酚的天然产物通过各种机制调节碳水化合物代谢，例如恢复β细胞的完整性和生理功能，增强胰岛素释放活性。富含多酚的不老莓可能会降低胰岛素反应，因此成为糖尿病治疗的天然替代品。为了改善葡萄糖代谢，Simeonov等人[34]建议每天食用200毫升不老莓果汁，持续至少3个月，可以有效降低非胰岛素依赖性糖尿病患者的空腹血糖水平。

其他研究表明，不老莓花青素可能有助于预防和控制Ⅱ型糖尿病。在动物模型中，给糖尿病大鼠服用不老莓果汁似乎能减轻高血糖症和高甘油三酯血症。此外，不老莓果汁还对糖化血红蛋白（HbA1c）、总胆固醇和脂质水平显示出有益的影响。这些功效类似于其他富含原花青素的食物，均对糖尿病有积极影响。最近的研究也证明了不老莓果汁可能有助于治疗肥胖疾病。

4.5 心脏保护活性

众所周知，慢性炎症可能导致心血管疾病，其特征是血压升高、血清甘油三酯水平高和血浆高密度胆固醇（HDL-C）水平低。不老莓浆果对几种心血管疾病的危险因素产生有益作用，如影响脂质代谢、过氧化反应、炎症过程、血小板聚集和氧化应激等。

不老莓提取物能有效地影响脂质代谢。Kim等人[35]发现不老莓提取物降低了人类胆固醇合成、摄取和外排相关基因的表达，并呈剂量依赖性——基因表达随剂量增加而增强。这些基因包括甾醇调节元件结合蛋白2、清道夫受体B类Ⅰ型和ATP结合盒转运蛋白A1。不老莓提取物显示参与脂质代谢和脂蛋白装配的基因表达降低，其中包括脂肪酸合酶和酰基辅酶A氧化酶。低密度脂蛋白（LDL）受体水平和细胞LDL摄取显著增加，这意味着胆固醇被带入细胞内降解，并用于膜合成、类固醇或胆汁生成等。

Kardum等人[36]观察了29名女性（年龄为25～49岁）在正常食用不老莓果汁12周前后与脂质过氧化指标相关参数的变化情况。研究发现经常食用不老莓果汁和脂质过氧化标志物、年龄、体重指数、腰围和体脂百分比之间存在相关性。Skoczyñska等人[37]研究发现，在未经药物治疗的

轻度高胆固醇血症患者当中，食用不老莓果汁可以使总胆固醇水平、低密度胆固醇（LDL-C）和甘油三酯降低，HDL胆固醇升高。此外，Kowalczyk等人[38]观察了从浆果中提取的不老莓花青素对高胆固醇血症年轻男性氧化应激的影响，该患者每天服用240毫克花青素，持续30天。结果表明，不老莓花青素提取物给药导致红细胞谷胱甘肽过氧化物酶和过氧化氢酶活性增加。来自不老莓花青素可被认为是LDL氧化的有效抑制剂，是动脉粥样硬化的关键机制。另一项研究用不老莓提取物（3×100毫克/天）治疗代谢综合征患者，观察其血压、内皮素、脂质过氧化、血脂和氧化状态。两个月后，患者收缩压、LDL胆固醇、总胆固醇和甘油三酯显著降低。

不老莓浆果的多酚提取物具有很强的抗凝血性能，延长了凝血时间（活化部分促凝血酶原激酶时间（APTT），延长凝血酶原时间（PT）和凝血酶时间（TT）），并降低了血浆中纤维蛋白聚合的最大速度。研究结果清楚表明不老莓浆果提取物具有体外抗凝血特性。

Ryszawa等人[23]研究了富含多酚的不老莓提取物对高血压、高胆固醇血症、吸烟和糖尿病等心血管危险因素显著的受试者血小板功能的影响。体内实验结果表明，不老莓提取物仅在有心血管危险因素的患者中导致过氧化物产生减少，而在没有动脉硬化危险因素的组中则未观察到影响。同时，不老莓提取物对两个研究组的血小板均产生了抗聚集作用。

体外实验研究了不老莓提取物对人体血小板氧化/硝化应激的抗氧化特性。实验结果表明，不老莓提取物显著抑制血小板蛋白质羰基化和巯基氧化。特别是花青素、酚酸和槲皮素糖苷对过氧亚硝酸盐诱导血浆纤维蛋白原的硝化损伤具有保护作用，因此，它们可能有助于预防与过氧亚硝酸盐相关的心血管疾病。此外，有人研究了不老莓浆果提取物对过氧硝酸盐引起的硝化和氧化损伤的影响。研究表明，不老莓提取物对高相对分子质量蛋白质聚合体的形成以及纤维蛋白原分子的硝化反应具有显著的抑制作用。

研究发现，不老莓果实能显著抑制血管中的炎症，并保护主动脉和冠状动脉免受动脉粥样硬化的影响。

不老莓果实提取物对血压也有积极作用，因此被推荐作为动脉高血压治疗的营养补充物。保护机制首先是抑制血管紧张素转换酶（ACE）。Sikora等人[39]分析了服用两个月的不老莓制剂对代谢综合征患者血管紧张素转换酶（ACE）活性的影响。结果显示，实验一个月后，ACE活性下降了25%，两个月后下降了30%。他们记录了ACE活性与收缩压和舒张压以及反应蛋白之间的显著正相关关系。研究发现，由不老莓制备的富含花青素的提取物具有潜在冠状动脉血管活性和血管保护特性。不老莓会引起剂量和内皮依赖性血管舒张。

已有研究表明，浆果中的多酚组分（尤其是花青素）可以有效降低氧化应激。Kim等人[40]的发现指出，不老莓果汁是冠状动脉内皮形成一氧化氮（NO）的有效刺激物，其

中涉及主要通过共轭花青素和绿原酸激活氧化还原敏感Src/PI3-激酶/Akt途径来磷酸化eNOS。Ciocoiu等人[41]评估了不老莓中的多酚类化合物对一组大鼠（给予或不给予提取物）动脉高血压模型中氧化应激的影响。与受多酚保护的实验组相比，高血压组中的谷胱甘肽过氧化物酶的活性显著降低。结果显示，在受多酚保护的实验组中，还原型谷胱甘肽浓度正常化且丙二醛血清浓度显著降低。实现上述活性的物质是绿原酸、花青素、芦丁、金丝桃苷和槲皮素。

4.6 抗癌活性

流行病学证据表明，大量食用富含抗氧化物的水果的饮食可以降低某些癌症类型的患癌风险。因此，一些膳食抗氧化剂可以很好地预防癌症的发生。体外实验的结果证明，不老莓果实已经成功地在一些癌症病例中用做膳食补充剂。此外，不老莓果实多酚提取物的化学预防作用（防止氧化、减少氧化应激、诱导解毒酶、诱导细胞周期阻滞细胞凋亡、调节宿主免疫系统、抗炎活性以及细胞信号变化）的几种作用机制已被确定，与其他浆果作物相比，它们的利用率可以成倍增加。

体外实验的研究证实了不老莓黑果对人体乳腺、白血病、结肠以及宫颈肿瘤细胞株生长的抑制效率。

4.7 保肝活性

Kowalczyk等人[42]在一项动物研究中，让大鼠同时摄入不老莓花色素苷和镉，发现不老莓花色素苷降低了大鼠肝脏和肾脏中镉的毒性和积累。这可能是由于花色素苷螯合了金属离子，从而减少了镉造成的损害。有趣的是，当大鼠急性暴露于四氯化碳（CCl_4）后，在大鼠身上也观察到了不老莓果汁的保肝作用。四氯化碳的肝毒性在于，其可被细胞色素P450代谢为高反应活性三氯甲基自由基。CCl_3自由基与氧气的反应将引发脂质过氧化，最终导致细胞死亡。大鼠肝脏和血浆中丙二醛含量的测定表明，不老莓果汁可以防止四氯化碳诱导的脂质过氧化反应的增加。由此可以得出结论，花青素和/或其他酚类成分清除自由基的能力是产生上述作用的主要原因。

第5章

不老莓的临床实验数据

代谢综合征和相关疾病患者似乎是一个有前景的待研究目标人群，因为这种症状非常普遍，而且越来越普遍。前面我们回顾了不老莓体外、分离细胞和动物体内相关实验数据，下面我们将陈述不老莓制剂疗效的临床实验数据。

5.1 不老莓与他汀类药物联合使用对冠状动脉患者的影响

不老莓中含有丰富的黄酮类化合物，已被证明具有能够降低血压、改善动脉弹性、阻止胆固醇进入血液循环和治疗心血管疾病等作用。黄酮类化合物可通过减少超氧阴离子的产生和增加内皮细胞的NO水平来改善血管功能和心血管重塑。他汀类药物也常用于治疗心血管疾病。本研究的目的是为了评估他汀类药物和不老莓中的黄酮类化合物的联合对冠状动脉疾病患者的作用[27]。

1）研究方法

这是一项双盲、安慰剂、平行对照试验。研究包括在心肌梗死中存活并且接受他汀类药物治疗至少6个月（80%剂量的40毫克/天辛伐他汀）的44名患者（11名女性和33名男性，平均年龄66岁）。受试者随机接受3×85毫克/天的不老莓黄酮提取物和安慰剂，为期六周。本研究使用的不老莓提取物具有以下声明组分的市售（OTC）产品：花青

素（约25%），原花青素（约50%）和酚酸（约9%）。

2）研究结果

与安慰剂相比，不老莓黄酮类化合物显著降低了患者血清中8-异前列腺素（38%，$p<0.000$）、氧化低密度脂蛋白（Ox-LDL，29%，$p<0.000$）、超敏C反应蛋白（hs-CRP，23%，$p<0.007$）和人单核细胞趋化蛋白-1（MCP-1，29%，$p<0.001$）水平。此外，研究发现脂联素水平显著增加（$p<0.03$），收缩压和舒张压平均降低为11 mmHg和7.2 mmHg。

脂联素（adiponectin, APN）是脂肪细胞分泌的一种内源性生物活性多肽或蛋白质，是一种胰岛素增敏激素，能改善胰岛素抵抗和动脉硬化症；对人体的研究发现，脂联素水平能预示Ⅱ型糖尿病和冠心病的发展，并在临床试验表现出抗糖尿病、抗动脉粥样硬化和炎症的潜力。

3）结论

他汀类药物和不老莓中的黄酮类化合物的联合使用可以用于临床上缺血性心脏病的二级预防。

5.2 不老莓对代谢综合征患者血压、内皮素-1和血脂浓度的影响

很多研究报道了花青素对血压等疾病有良好的治疗效果，不老莓中的花青素和原花青素的含量高于其他莓类物

质，本研究的目的是为了评估不老莓花青素对患有代谢综合征（MS）的患者红细胞内血压、内皮素-1（ET-1）、血脂、空腹血糖、尿酸和膜胆固醇浓度的影响[43]。

1）研究方法

研究包括22名健康志愿者和25名患有代谢综合征（MS）的志愿者。患有代谢综合征（MS）标准：腰围（女性不小于80 cm，男性不小于94 cm），甘油三酯（TG）水平大于150 mg/dL（1.7 mmol/L），胆固醇-HDL（HDL-C）水平（男性小于40 mg/dL（1.0 mmol/L），女性小于50 mg/dL（1.3 mmol/L）），收缩压（SBP）大于130 mmHg和/或舒张压（DBP）大于85 mmHg。用花青素（3 × 100 mg/d）治疗2个月。

2）研究结果

观察到服用不老莓2个月后，患有代谢综合征（MS）的患者血压、内皮素-1和血脂浓度显著降低。其中收缩压（SBP）由服用前的（144.20 ± 9.97）mmHg降为（131.83 ± 12.24）mmHg（$p < 0.001$）；舒张压（DBP）由服用前的（87.20 ± 9.9）mmHg降为（82.13 ± 10.33）mmHg（$p < 0.05$）；内皮素-1（ET-1）由服用前的（2.44 ± 0.51）pg/mL降为（1.74 ± 0.42）pg/mL（$p < 0.001$）；总胆固醇（TC）由服用前的（242.80 ± 34.48）mg/dL降为（227.96 ± 33.07）mg/dL（$p < 0.001$）；低密度脂蛋白胆固醇（LDL-C）由服用前的（158.71 ± 35.78）mg/dL降为（146.21 ± 34.63）mg/dL（$p < 0.01$）；甘油三酯（TG）由服用前的（215.92 ± 63.61）mg/dL

降为（187.58 ± 90）mg/dL（$p < 0.05$）；膜胆固醇由服用前的（4.85 ± 0.65）mmol/Lpc降为（2.81 ± 0.54）mmol/Lpc（$p < 0.001$）。尿酸和空腹血糖水平没有显著变化。

3）结论

对代谢综合征患者来说，更容易伴随糖尿病、高血压、高血糖等一系列引发动脉粥样硬化的危险因子。而研究结果显示，不老莓花青素明显降低了MS患者的血压、血脂以及内皮素-1水平。所以可以论证，不老莓花青素能有效预防动脉粥样硬化。

5.3 不老莓对轻度高胆固醇血症男性内皮功能的影响

很多体外实验表明，多酚类化合物有助于内皮细胞的保护和恢复。本研究的目的是评估饮用不老莓果汁对轻度高胆固醇血症男性内皮功能的影响[44]。

1）研究方法

本研究包括35名被诊断患有轻度高胆固醇血症男性志愿者（平均年龄（53.9 ± 5.8）岁），没有早期药物治疗。评估分为四个时间点：研究开始时、饮用不老莓果汁6周后、停止饮用不老莓果汁6周后和再次饮用不老莓果汁6周后。

2）研究结果

在研究期间，观察到血清总胆固醇、低密度胆固醇和甘油三酯水平的显著降低。此外，还观察到血清一氧化氮（NO）浓度和血液流动介导的扩张（flow-mediated dilatation, FMD）显著增加。开始时，35名受试者中有13名（37.1%）存在FMD ≥ 7%。饮用不老莓果汁6周后，35名受试者中有29名（82.9%）出现FMD ≥ 7%，而在反复饮用不老莓果汁6周后，所有研究的受试者均存在FMD ≥ 7%。

3）结论

定期饮用不老莓果汁对轻度高胆固醇血症男性的内皮功能和脂质代谢有益，定期摄入不老莓果汁可改善FMD并降低冠状动脉疾病（CAD）患者对低密度脂蛋白（LDL）的氧化敏感性。研究提出，改善的内皮依赖性血管舒张和预防低密度氧化缘于不老莓中的黄酮类化合物可以预防心血管事件的潜在机制。

5.4 不老莓对轻度高胆固醇血症男性动脉血压和血脂的影响

不老莓是东欧和北美的常见植物。这种水果含有大量的多酚，包括花青素、咖啡酸及其衍生物，它们也以相对较高的浓度存在于不老莓中。花青素具有抗氧化和抗炎特

性，因此可能潜在地被用于预防通常与心血管疾病相关的氧化应激。此研究的目的是评估不老莓果汁中含有的花青素对轻度高胆固醇血症男性的动脉血压、脂质参数、炎症状态参数和抗氧化维生素浓度的影响[37]。

1）研究方法

研究包括58名未经药物治疗、诊断为轻度高胆固醇血症的健康男性。评估分为四个时间点：研究开始时、定期饮用不老莓果汁6周后、停止饮用不老莓果汁6周后和重复饮用不老莓果汁6周后。检测指标包括：总胆固醇、低密度脂蛋白（LDL）和高密度脂蛋白（HDL）胆固醇（HDL-c）及其亚组分（HDL2-c）、甘油三酯、脂质过氧化物（LPO）、超敏C反应蛋白（hs-CRP）、同型半胱氨酸、纤维蛋白原和葡萄糖水平。

2）研究结果

经常饮用不老莓果汁导致总胆固醇水平（$p<0.001$）、低密度胆固醇（$p<0.01$）和甘油三酯（$p<0.001$）降低。实验还观察到血清葡萄糖（$p<0.05$）、同型半胱氨酸（$p<0.001$）和纤维蛋白原（$p<0.01$）浓度显著降低。

3）结论

这些有益的代谢变化即不老莓可降低机体总胆固醇水平，与饮用不老莓果汁的显著降压作用有关。饮用不老莓果汁虽未改变总HDL胆固醇水平，但它增加了高密度脂蛋白亚类-胆固醇（HDL_2）（$p<0.01$）。该亚组分涉及胆固醇逆向转运，脂蛋白脂肪酶介导的餐后脂质代谢，参与

凝血作为蛋白质C和S的辅助因子。在患有冠状动脉粥样硬化的血容量正常的男性中，观察到HDL_2和HDL_3水平的降低。用不老莓果汁处理的男性血清中HDL_2胆固醇的有益增加可能与动脉壁中胆固醇含量的降低以及抗血栓形成活性增加有关。此外，不老莓果汁的这种潜在的抗血栓作用更可能是因为其降低了纤维蛋白原（$p < 0.01$）和同型半胱氨酸（$p < 0.001$）的水平。与不老莓果汁对脂质代谢的影响相似，该汁液对血清空腹血糖水平的影响是持久的。葡萄糖浓度的降低严格依赖于不老莓果汁的摄入量。种种研究表明，饮用不老莓果汁可能对降低心血管风险有益。

5.5 不老莓对代谢综合征患者血小板聚集的影响

花青素是大量广泛存在的植物成分的一部分，这些植物成分统称为黄酮类化合物。近年来，人们越来越关注它们的生物活性和可能的健康益处，以防止一些慢性疾病，包括癌症、心血管和血管、动脉粥样硬化和糖尿病。最丰富的花青素来源之一是不老莓的果实。本研究的目的是评估来自不老莓花青素对二磷酸腺苷（ADP）诱导的血小板聚集的影响[45]。

1）研究方法

研究包括25名患有代谢综合征的受试者。患有代谢综合征（MS）标准：内脏肥胖（男性腰围大于94 cm，女性腰围大于80 cm），HDL < 50 mg/dL（女性），HDL < 40 mg/dL（男性）和TG > 150 mg/dL。在所有患者中，每天食用不老莓提取物3 × 100 mg，持续4周。在食用花青素期间、之前和之后，采集血液样品测量血小板的聚集参数和性状变化情况。血小板聚集参数包括：最大聚集率、初始速度、达到最大聚集所需的时间以及血小板的形状变化。

2）研究结果

连续4周内摄取不老莓花青素可显著降低总胆固醇水平（服用前为（242.8 ± 34.5）mg/dL；服用后为（229.2 ± 33.1）mg/dL，$p < 0.05$）、低密度胆固醇水平（服用前为（158.7 ± 35.8）mg/dL；服用后为（150.0 ± 34.6）mg/dL，$p < 0.05$）和甘油三酯水平（服用前为（215.9 ± 63.6）mg/dL；服用后为（184.6 ± 79.3）mg/dL，$p < 0.05$）。实验未观察到高密度胆固醇显著变化（服用前为（42.9 ± 5.0）mg/dL；服用后为（44.3 ± 6.1）mg/L，$p > 0.1$）。同时，实验还观察到不老莓花青素显著降低了血小板动力学参数：最大聚集率（服用前为（26.8 ± 13.1）%；服用后为（18.9 ± 9.7）%，$p < 0.05$）、初始速度（服用前为（18.3 ± 14.2）%/min；服用后为（11.5 ± 8.3）%/min，$p < 0.05$）和达到最大聚集所需的时间（服用前为（375.2 ± 174.0）s；服用后为（431.8 ± 119.4）s，$p < 0.05$），对血小板的形状变化无影响，

并观察到解聚作用。

3）结论

连续4周摄入不老莓花青素后有利于改善血小板聚集和胆固醇水平。

5.6 不老莓对代谢综合征患者血小板聚集、凝血和溶解的影响

富含浆果的饮食被认为在预防与肥胖相关的代谢疾病中起着独特的作用。本研究目的是通过临床观察评估不老莓提取物对代谢综合征（MS）患者血小板聚集、凝块形成和溶解的影响[11]。

1）研究方法

研究包括MS（$n=38$）的中年非药物治疗组和14名健康志愿者。患者每天食用不老莓提取物3×100 mg，治疗2个月。

2）研究结果

实验观察到补充不老莓提取物后，患者TC、LDL-C和TG浓度显著降低。在给药1个月后，血小板聚集显著抑制。然而，这种效果在补充2个月后变得不那么明显。在由内源性凝血酶诱导的凝血的情况下，总体潜力显著降低。此外，经过1个月的不老莓提取物补充后，观察到总体上有益的减少凝块形成和纤维蛋白溶解的可能性。

3）结论

不老莓提取物的心脏保护活性可归因于花青素的作用。花青素具有降脂、抗凝集作用，并且还发挥直接的血管活性作用。此外，不老莓果实含有大量的烟酸，因其降脂活性而得到广泛认可。

5.7 不老莓对代谢综合征患者血管紧张素I转化酶（ACE）活性的影响

本研究的目的是分析补充2个月不老莓制剂对代谢综合征（MS）患者血管紧张素Ⅰ转换酶（ACE）活性的影响[39]。

1）研究方法

研究志愿者（70人）分为三组：接受不老莓提取物补充剂的MS患者，健康对照组以及使用ACE抑制剂治疗的MS患者组。

2）研究结果

经过一个月和两个月的实验后，ACE活性分别下降了25%和30%。ACE活性与收缩压（$r=0.459$，$p=0.048$）、舒张压（$r=0.603$，$p=0.005$）和C反应蛋白（CRP）之间呈显著正相关。

3）结论

临床观察的结果表明，不老莓多酚有利于降血压作用可

能是ACE抑制和其他多效作用的共同结果，例如抗氧化作用。

5.8 不老莓对轻度高血压患者血压和炎症水平的影响

前期研究表明，食用不老莓可以改善心血管疾病的危险因素。本研究假设不老莓对未经治疗的轻度高血压患者的血压、低度炎症、血脂、血糖和血小板聚集有益，从人体试验研究食用不老莓对高血压患者的影响[46]。

1）研究方法

研究包括38名志愿者，参加了为期16周的单盲交叉试验。参与者随机分组使用冷压100%不老莓果汁（300 mL/d）和烘干的不老莓粉（3 g/d），或随机顺序匹配的安慰剂产品，每次8周，无洗脱期。不老莓产品的每日成分由约336 g新鲜的不老莓制成。

2）研究结果

在受试者食用不老莓期间，各种多酚及其代谢物的尿排泄增加，表明其良好的顺应性。不老莓降低了白天的血压和低度炎症。白天动态舒张压下降1.64 mm Hg（$p = 0.02$），清醒时动态收缩压和舒张压趋于下降，分别降低2.71 mm Hg（$p = 0.077$）和1.62 mm Hg（$p = 0.057$）。白细胞介素（IL-10）和肿瘤坏死因子α（TNF-α）的浓度分

别降低1.9 pg/mL（$p=0.008$）和0.67 pg/mL（$p=0.007$），IL-4和IL-5也趋于降低，分别降低4.5pg/mL（$p=0.084$）和0.06 pg/mL（$p=0.059$）。血清脂质、脂蛋白、葡萄糖和体外血小板聚集无变化。

3）结论

研究表明，饮用不老莓果汁和粉末8周对具有轻微高血压的代谢健康个体的CVD危险因素有轻微但有利的影响。结果证实了不老莓产品的摄入会对血压和细胞因子的循环水平产生有益影响。

5.9 不老莓对高血压患者血压及血脂水平的影响

已有实验表明富含多酚的食物具有许多健康益处，包括降低对氧化应激水平的影响和改善炎症状态。这一现象不仅发生在患有心血管危险因素的受试者中，例如透析患者、糖尿病患者和代谢综合征受试者，也发生在健康志愿者身上。酚类化合物可直接通过清除电子来抵抗氧化应激。

流行病学研究表明，摄入富含抗氧化剂的食物与降低心血管疾病发病率之间存在正相关关系。多酚被认为是最丰富和最重要的膳食抗氧化剂。由于其多酚含量高，不老莓被发现是最强的膳食抗氧化剂之一。本研究的目的是评估

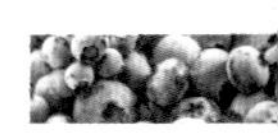

富含多酚的不老莓果汁对没有药理学治疗的高于正常血压或1级高血压的受试者24小时动态监测血压（BP）水平的影响[47]。

1）研究方法

研究招募了23名年龄在33～67岁的受试者（12名男性和11名女性），并要求每天服用200 mL不老莓果汁，持续4周。根据交感神经或副交感神经活动的患病率，将参与者分为两组，还应用了生化参数和心率变异性分析的测量。

2）研究结果

在干预期结束时，平均24小时和清醒时的收缩压和舒张压显著降低（$p<0.05$）。这在交感神经活动普遍存在的组中更为明显。研究还发现甘油三酯水平显著降低（$p<0.05$），并且对总胆固醇和低密度脂蛋白胆固醇有降低作用。

3）结论

研究结果表明，定期使用不老莓果汁对药理学未治疗的高血压受试者中的BP和脂质状态有积极影响。

5.10 不老莓对手球运动员脂肪酸谱和脂质过氧化水平的影响

本研究的目的是评估富含多酚的不老莓果汁对手球运动员的血浆磷脂脂肪酸谱的影响[48]。

1）研究方法

研究招募了32名活跃的男性和女性手球运动员。试验研究是在封闭校园的预备训练期间按照双盲、安慰剂、平行对照进行的，其中18名运动员（8名男性，10名女性）饮用100 mL不老莓果汁，14名运动员（7名男性，7名女性）饮用安慰剂。实验结束时评估脂质状态、葡萄糖、硫代巴比妥酸反应性物质（TBARS）和脂肪酸的百分比。

2）研究结果

在男性中，不老莓果汁的摄入导致其体内油酸（C18：1n-9）和亚麻酸（C18：3n-3）降低，但在女性运动员中没有变化。然而，安慰剂对照组的男性中，单不饱和脂肪酸（棕榈油酸（C16：1n-7）、异油酸（C18：1n-7））和多不饱和脂肪酸（亚麻酸（C18：3n-3），二十碳五烯酸（C20：5n-3）和二十二碳四烯酸（C22：4n-6））的比例有所下降，饮用不老莓果汁后男性以及女性中的n-6多不饱和脂肪酸与总多不饱和脂肪酸下降。

3）结论

研究结果表明，不老莓果汁对减少手球运动员强化训练时的脂质过氧化损伤有一定作用。

5.11 不老莓对高胆固醇血症男性的氧化应激和微量元素的影响

原花青素是不老莓浆果中主要的酚类物质。除了它们的自由基清除活性外，原花青素以及含有邻二羟基苯基的花青素基团是优良的金属螯合剂。生物体系中游离态铁和铜存在催化自由基反应，例如芬顿反应。酚类组分结合二价过渡金属的能力有效地降低了这些阳离子的浓度，从而降低了它们促氧化活性的程度。本研究目的是评估不老莓花青素对氧化应激以及患有高胆固醇血症男性中红细胞中金属离子浓度的影响[38]。

1）研究方法

研究包括16名年龄在（27 ± 6.4）岁，血液胆固醇浓度为205 ～ 250 mg/dL的男性，每天服用240 mg花青素，持续30天。在给予花青素期间、之前和之后，采集血液样品测试红细胞中的铅、铝、铜和锌浓度，以及超氧化物歧化酶、谷胱甘肽过氧化物酶和过氧化氢酶活性。

2）研究结果

连续30天，每天服用240毫克花青素，导致谷胱甘肽过氧化物酶和过氧化氢酶活性大幅增加。铅、铝和铜的浓度降低，而红细胞中的锌浓度增加。

3）结论

研究结果表明，不老莓花青素对患有高胆固醇血症男性抗氧化水平有潜在积极的效果。

5.12 不老莓对吸烟者血脂、炎症和氧化应激生物标志物水平的影响

吸烟者患心血管疾病的风险增加。本研究的目的是评估不老莓多酚对吸烟者心血管疾病风险、炎症和氧化应激的生物标志物的影响，以及这些影响与多酚生物利用度相关的程度[49]。

1）研究方法

研究包括对49名健康成年吸烟者（$n=24$/安慰剂，$n=25$/不老莓）进行为期12周的随机安慰剂对照试验，以评估每日摄入500毫克不老莓提取物是否能调节血浆脂质、血压、生物标志物、炎症和氧化应激，并评估外周血单个核细胞的脂质转运基因。

2）研究结果

食用不老莓多酚12周后，空腹血浆总胆固醇降低8%（$p<0.05$），低密度脂蛋白胆固醇（LDL-C）降低11%（$p<0.05$）。但本实验没有观察到改善氧化应激和慢性炎症的生物标志物。

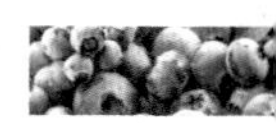

3）结论

增加浆果多酚的消费是预防慢性疾病的一种有前景的策略。浆果多酚具有调节脂质、氧化应激和炎症的潜力，可能对CVD、癌症和其他慢性疾病的发展具有保护作用。不老莓多酚可以减少吸烟者体内的LDL和TC，降低CVD风险。

5.13 不老莓对腹型肥胖患者细胞抗氧化酶和膜脂状态的影响

肥胖是与氧化有关的严重公共卫生问题，肥胖发生的机制与CVD的发展相关，包括代谢紊乱如血脂异常和高胰岛素血症，中断体内平衡和促进炎症的发生。摄入富含膳食纤维的食物可促进健康和预防心血管疾病以及其他慢性病的发展。然而膳食纤维在防御中的潜在作用氧化应激很少被研究。本节的目的是评估富含葡甘露聚糖不老莓果汁补充剂对绝经后腹部肥胖妇女的红细胞中人体测量参数、膜脂肪酸谱和抗氧化酶状态的影响[50]。

1）研究方法

研究包括20名年龄为45～65岁，平均体重指数（BMI）为（36.1 ± 4.4）kg/m^2，腰围为（104.8 ± 10.1）cm的

女性。参与者要求连续4周每天摄入100 mL补充剂作为她们日常饮食的一部分。

2）研究结果

实验观察到膜磷脂中n-3（$p<0.05$）多不饱和脂肪酸含量显著增加，二十二碳六烯酸脂肪酸水平显著增加（$p<0.05$），n-6和n-3脂肪酸比率降低（$p<0.05$），谷胱甘肽过氧化物酶活性增加（$p<0.05$）。干预后BMI（$p<0.001$）、腰围（$p<0.001$）和收缩压（$p<0.05$）均显著降低。

3）结论

研究结果表明，饮用不老莓果汁补充剂对肥胖的细胞氧化损伤、血压和人体测量指数有积极影响，预示其在预防心血管和其他肥胖相关疾病中的潜在有益效果。

5.14 不老莓对孕妇血浆氧化脂蛋白代谢的影响

妊娠期能量需求增加、脂质代谢改变是适应机体整体需要的表现。低密度脂蛋白（LDL）主要由胆固醇及胆固醇酯构成，是引起动脉粥样硬化的主要物质，在妊娠期它的升高不如甘油三酯显著。正常妊娠血浆中总甘油三酯主要是大而飘浮的LDL微粒，逐步转变为小而致密的LDL微粒。同样，无论在妊娠期和非妊娠期，甘油三酯水平升高

超过1.3 ～ 1.7 mmol/L可使LDL倾向形成小而致密的微粒（LDL−3）。LDL−3更易被氧化，氧化后具有高致粥样硬化性，可促进泡沫细胞形成（通过与巨噬细胞上的清道夫受体相互作用），引起内皮细胞损伤。本研究目的是评估不老莓中花青素对胎儿宫内发育迟缓（IUGR）孕妇的氧化低密度脂蛋白抗体oLAB水平的影响[51]。

1）研究方法

研究包括105名孕妇（根据末次月经（LMP）确定妊娠龄为孕早期至孕中期之间），将IUGR孕妇（超声检查结果低于实际孕龄的第五百分位数）随机分为2组：50名孕妇服用花青素，55名孕妇服用安慰剂；对照组为60名健康孕妇。实验检测oLAB血清浓度，评估氧化应激水平。

2）研究结果

实验结果显示，不老莓花青素组中，oLAB滴度从治疗前的（1 104 ± 41）mU/mL经1个月治疗后下降至（752 ± 36）mU/mL，2个月治疗后下降至（726 ± 35）mU/mL（$p < 0.01$）。在安慰剂组中，oLAB滴度略有增加趋势，治疗前为（1 089 ± 37）mU/mL，经1个月治疗后为（1 092 ± 42）mU/mL，2个月治疗后为（1 115 ± 43）mU/mL（$p > 0.05$）。对照组oLAB滴度：治疗前为（601 ± 49）mU/mL，治疗1个月后为（606 ± 45）mU/mL，治疗2个月后为614 ± 43 mU/mL（$p > 0.05$）。

3）结论

研究结果表明，不老莓天然抗氧化剂（花青素）可用于

控制IUGR孕妇妊娠期间的氧化应激。

5.15 不老莓对糖尿病患者的影响

不老莓花青素可能有助于预防和控制Ⅱ型糖尿病和糖尿病相关并发症。本研究的目的是评估低热量不老莓果汁（无糖，含有人造甜味剂）对糖尿病患者的作用[34]。

1）研究方法

研究包括16名胰岛素依赖型糖尿病患者和25名非胰岛素依赖型糖尿病患者（25名女性和16名男性，3～62岁，中位年龄为（38.8±4.7）岁）。

2）研究结果

每天摄入200 mL不老莓果汁3个月，可有效降低空腹血糖水平，21例非胰岛素依赖型糖尿病患者（13名女性和8名男性，平均年龄为（53.6±3.65）岁）空腹血糖从（13.28±4.55）mmol/L降至（9.10±3.05）mmol/L（$p<0.001$）。23名非胰岛素依赖型糖尿病患者（15名女性和8名男性，平均年龄为（54.9±3.34）岁）的糖化血红蛋白（HbA1c）从（9.39±2.16）%降低至（7.49±1.33）%（$p<0.001$），总胆固醇水平从（6.45±1.59）mmol/L降低至（5.05±0.96）mmol/L（$p<0.001$），血脂水平从（2.92±2.15）mmol/L降低至（1.7±1.07）mmol/L（$p<0.001$）。

3）结论

研究结果表明，不老莓果汁具有降低血糖潜力。其作用的确切机制尚不清楚，这或许与不老莓中含有的原花青素有关。原花青素可促进细胞利用葡萄糖，葡萄糖依靠葡萄糖转运体（glucose transporter, GLUT）进入细胞。其中骨骼肌、脂肪细胞主要表达GLUT4，肝脏细胞和胰岛 β 细胞主要表达GLUT2。腺苷酸活化蛋白激酶（AMP-activated proteinkinase, AMPK）信号通路被激活，可抑制葡萄糖合成代谢，促进其分解代谢，与胰岛素抵抗（insulin resistance, IR）的改善密切相关。AMPK和蛋白激酶B（protein kinase B, Akt）磷酸化能够促进葡萄糖转运体由细胞质转移到细胞膜，原花青素可影响和调控这些葡萄糖转运蛋白受体从而促进细胞吸收葡萄糖。

5.16 不老莓与苹果果胶联合应用于乳腺癌术后放疗的免疫调节活性

苹果果胶属于天然高分子多糖，广泛存在于天然植物中，是植物细胞壁的主要组成成分之一。果胶无毒无害且具有显著的保健作用，因此不仅在食品工业应用广泛，而且在化妆品工业及生物医药领域也逐渐受到青睐。有研究表明，长期摄入果胶可减少人体部分癌症的发病率，并降低糖尿病、高血压、高血脂症的患病风险。化疗和辐射都会造成人体细胞病变，对人体的危害极大。而不老莓可以帮助身体代谢环境毒素、降低辐射的伤害。不老莓能帮助代谢身体的重金属和放射性元素。本研究目的是评估不老莓与苹果果胶联合应用于乳腺癌患者术后放疗的免疫调节活性[52]。

1）研究方法

研究包括42名女性（19～65岁），在术后照射期间每天两次接受15 g苹果果胶和20 mL不老莓浓缩物。根据个体化治疗方案，由钴-60进行照射。测试以下T淋巴细胞群：CD3总T淋巴细胞、CD4辅助细胞和诱导细胞T细胞、CD8抑制细胞、细胞毒性T细胞和NK细胞。平行测试多肽组织抗原（TPA）（一种癌胚蛋白）的水平。TPA用于评估患者的治疗结果。另外一组25名年龄匹配的乳腺癌女性作为对照；在术后放射之前和之后进行对照的免疫状态分析；共测试了880份血清样本。

2）研究结果

接受不老莓与苹果果胶结合的患者免疫参数测定结果显示，CD4和CD8 T细胞计数显著增加（分别为$p<0.01$和$p<0.05$）。在对照组患者中CD3 T细胞水平降低，其他T细胞水平保持不变。最初，两组患者的NK细胞数量均增加。

3）结论

研究结果表明，由于手术的充分性和放射治疗的结合，两组患者的TPA正常水平均表明治疗效果良好。

5.17 不老莓花青素对男性少精子症的影响

本研究的目的是评估不老莓花青素对少精子症男性精液中氧化低密度脂蛋白（oLAB）浆液性自身抗体的产生和果糖水平的影响[53]。

1）研究方法

研究由38名少精子症患者组成，随机分为2个亚组：22名受试者服用花青素，16名男性服用安慰剂；对照组由25名健康男性志愿者组成。实验检测了oLAB血清浓度测量的氧化应激水平，以及精液中的果糖水平。

2）研究结果

在不老莓花青素组中，oLAB滴度从治疗前的（1 103 ± 34）mU/mL降至（742 ± 24）mU/mL（第一个月）和（724 ± 23）mU/mL（第二个月），$p < 0.01$。在安慰剂组中，oLAB滴度治疗前为（1 094 ± 21）mU/mL，治疗后为（1 114 ± 36）mU/mL（第一个月）和（1 117 ± 33）mU/mL（第二个月），$p > 0.05$。对照组中的oLAB滴度：治疗前为（601 ± 40）mU/mL，治疗后为（609 ± 38）mU/mL（第一个月）和（609 ± 38）mU/mL（第二个月），$p > 0.05$。在花青素组中，精液中的果糖水平从治疗前的（850 ± 42）mg/mL增加到治疗后的（1 121 ± 26）mg/mL（第一个月）和（1 230 ±

27）mg/mL（第二个月），$p < 0.05$。在安慰剂组中，果糖水平治疗前为（832 ± 36）mg/mL，治疗后为（845 ± 33）mg/mL（第一个月）和（841 ± 35）mg/mL（第二个月），$p > 0.05$。对照组果糖水平治疗前为（1 376 ± 40）mg/mL，治疗后为（1 376 ± 40）mg/mL（第一个月）和（1 388 ± 37）mg/mL（第二个月），$p > 0.05$。

3）结论

天然抗氧化剂不老莓花青素可用于控制患有少精子症的男性的氧化应激。来自不老莓的花青素诱导少精子症男性精液中果糖含量增加。精子的活动与精囊所含之果糖有直接关系，果糖可为精子活动提供能量。果糖减少，营养缺乏，则精子死亡率较高。

以上17项临床实验数据表明，不老莓产品作为治疗氧化应激相关疾病的“功能保健食品”，具有潜在应用价值。

参考文献

[1] Jakobek L, Šeruga M, Medvidović -Kosanović M, et al. Antioxidant activity and polyphenols of Aronia in comparison to other berry species[J]. Agriculturae Conspectus Scientificus, 2007, 72(4): 301–306.

[2] Samoticha J, Wojdyło A, Lech K. The influence of different the drying methods on chemical composition and antioxidant activity in chokeberries[J]. LWT-Food Science and Technology, 2016, 66: 484–489.

[3] Ramić M, Vidović S, Zeković Z, et al. Modeling and optimization of ultrasound-assisted extraction of polyphenolic compounds from Aronia melanocarpa by-products from filter-tea factory[J]. Ultrasonics Sonochemistry, 2015, 23: 360–368.

[4] Oszmiański J, Wojdylo A. Aronia melanocarpa phenolics and their antioxidant activity[J]. European Food Research and Technology, 2005, 221(6): 809–813.

[5] Rop O, Mlcek J, Jurikova T, et al. Phenolic content, antioxidant capacity, radical oxygen species scavenging and lipid peroxidation inhibiting

activities of extracts of five black chokeberry (Aronia melanocarpa (Michx.) Elliot) cultivars[J]. Journal of Medicinal Plants Research, 2010, 4(22): 2431–2437.

[6] Kay C D, Mazza G, Holub B J, et al. Anthocyanin metabolites in human urine and serum[J]. The British Journal of Nutrition, 2004, 91(6): 933–942.

[7] Wiczkowski W, Romaszko E, Piskula M K. Bioavailability of cyanidin glycosides from natural chokeberry (Aronia melanocarpa) juice with dietary-relevant dose of anthocyanins in humans[J]. Journal of Agricultural and Food Chemistry, 2010, 58(23): 12130–12136.

[8] Kulling S E, Rawcl H M. Chokeberry (Aronia melanocarpa)-A review on the characteristic components and potential health effects[J]. Planta Medica, 2008, 74(13): 1625–1634.

[9] Olas B, Wachowicz B, Nowak P, et al. Studies on antioxidant properties of polyphenol-rich extract from berries of Aronia melanocarpa in blood platelets[J]. J Physiol Pharmacol, 2008, 59(4): 823–835.

[10] Malinowska J, Babicz K, Olas B, et al. Aronia melanocarpa extract suppresses the biotoxicity of homocysteine and its metabolite on the hemostatic activity of fibrinogen and plasma[J]. Nutrition,

2012, 28(7–8): 793–798.
[11] Sikora J, Broncel M, Markowicz M, et al. Short-term supplementation with Aronia melanocarpa extract improves platelet aggregation, clotting, and fibrinolysis in patients with metabolic syndrome[J]. European Journal of Nutrition, 2012, 51(5): 549–556.
[12] Zielińska-Przyjemska M, Olejnik A, Dobrowolska-Zachwieja A, et al. Effects of Aronia melanocarpa polyphenols on oxidative metabolism and apoptosis of neutrophils from obese and non-obese individuals[J]. Acta Sci Pol Technol Aliment, 2007,6(3): 75–87.
[13] Zapolska-Downar D, Bryk M, Małecki K, et al. Aronia melanocarpa fruit extract exhibits anti-inflammatory activity in human aortic endothelial cells[J]. European Journal of Nutrition, 2012, 51(5): 563–572.
[14] Olas B, Kedzierska M, Wachowicz B, et al. Effect of aronia on thiol levels in plasma of breast cancer patients[J]. Central European Journal of Biology, 2010, 5(1): 38–46.
[15] Malik M, Zhao C, Schoene N, et al. Anthocyanin-rich extract from Aronia melanocarpa E induces a cell cycle block in colon cancer but not normal colonic cells[J]. Nutrition and Cancer, 2003, 46(2): 186–196.
[16] Zhao C, Giusti M, Malik M, et al. Effects of

commercial anthocyanin-rich extracts on colonic cancer and nontumorigenic colonic cell growth[J]. J Agric Food Chem., 2004, 52(20): 6122–6128.

[17] Gasiorowski K, Szyba K, Brokos B, et al. Antimutagenic activity of anthocyanins isolated from Aronia melanocarpa fruits[J]. Cancer Letters, 1997, 119(1): 37–46.

[18] Bermúdez-Soto M J, Larrosa M, Garcia-Cantalejo J M, et al. Up-regulation of tumor suppressor carcinoembryonic antigen-related cell adhesion molecule 1 in human colon cancer Caco-2 cells following repetitive exposure to dietary levels of a polyphenol-rich chokeberry juice[J]. The Journal of Nutritional Biochemistry, 2007, 18(4): 259–271.

[19] Lala G, Malik M, Zhao C, et al. Anthocyanin-rich extracts inhibit multiple biomarkers of colon cancer in rats[J]. Nutrition and Cancer, 2006, 54(1): 84–93.

[20] Sharif T, Stambouli M, Burrus B, et al. The polyphenolic-rich Aronia melanocarpa juice kills teratocarcinomal cancer stem-like cells, but not their differentiated counterparts[J]. Journal of Functional Foods, 2013, 5(3): 1244–1252.

[21] Rugină D, Sconta Z, Pintea A, et al. Protective effect of chokeberry anthocyanin-rich fraction at nanomolar

concentrations against oxidative stress induced by high doses of glucose in pancreatic β-cells[J]. Bull UASVM Vet Med., 2011, 68(1): 313–319.

[22] Zhu W, Jia Q, Wang Y, et al. The anthocyanin cyanidin-3-O-β-glucoside, a flavonoid, increases hepatic glutathione synthesis and protects hepatocytes against reactive oxygen species during hyperglycemia: involvement of a cAMP-PKA-dependent signaling pathway[J]. Free Radical Biology and Medicine, 2012, 52(2): 314–327.

[23] Ryszawa N, Kawczyńska-Drózdz A, Pryjma J, et al. Effects of novel plant antioxidants on platelet superoxide production and aggregation in atherosclerosis[J]. J Physiol Pharmacol, 2006, 57(4): 611–626.

[24] Valcheva-Kuzmanova S, Marazova K, Krasnaliev I, et al. Effect of Aronia melanocarpa fruit juice on indomethacin-induced gastric mucosal damage and oxidative stress in rats[J]. Exp Toxicol Pathol., 2005, 56(6): 385–392.

[25] Atanasova-Goranova V K, Dimova P I, Pevicharova G T. Effect of food products on endogenous generation of N-nitrosamines in rats[J]. The British Journal of Nutrition, 1997, 78(2): 335–345.

[26] Ping-Hsiao S, Chi-Tai Y, Gow-Chin Y. Anthocyanins induce the activation of phase II enzymes through the antioxidant response element pathway against oxidative stress-induced apoptosis[J]. Journal of Agricultural and Food Chemistry, 2007, 55(23): 9427–9435.

[27] Naruszewicz M, Łaniewska I, Millo B, et al. Combination therapy of statin with flavonoids rich extract from chokeberry fruits enhanced reduction in cardiovascular risk markers in patients after myocardial infarction (MI)[J]. Atherosclerosis, 2007, 194: 179–184.

[28] Kawai Y, Nishikawa T, Shiba Y, ct al. Macrophage as a target of quercetin glucuronides in human atherosclerotic arteries: implication in the anti-atherosclerotic mechanism of dietary flavonoids[J]. The Journal of Biological Chemistry, 2008, 283(14): 9424–9434.

[29] Valcheva-Kuzmanova S, Kuzmanov K, Tancheva S, et al. Hypoglycemic and hypolipidemic effects of Aronia melanocarpa fruit juice in streptozotocin-induced diabetic rats[J]. Methods and Findings in Experimental and Clinical Pharmacology, 2007, 29(2): 101–105.

[30] Ohgami K, Ilieva I, Shiratori K, et al. Anti-inflammatory effects of aronia extract on rat endotoxin-induced uveitis[J]. Investigative Ophthalmology & Visual Science, 2005,46(1): 275–281.

[31] Handeland M, Grude N, Torp T, et al. Black chokeberry juice (Aronia melanocarpa) reduces incidences of urinary tract infection among nursing home residents in the long term-a pilot study[J]. Nutrition Research, 2014, 34(6): 518–525.

[32] Sehee P, Jin I K, Ilseob L, et al. Aronia melanocarpa and its components demonstrate antiviral activity against influenza viruses[J]. Biochemical and Biophysical Research Communications, 2013, 440(1): 14–19.

[33] Worsztynowicz P, Napierała M, Białas W, et al. Pancreatic α-amylase and lipase inhibitory activity of polyphenolic compounds present in the extract of black chokeberry (Aronia melanocarpa L.)[J]. Process Biochemistry, 2014, 49(9): 1457–1463.

[34] Simeonov S B, Botushanov N P, Karahanian E B, et al. Effects of Aronia melanocarpa juice as part of the dietary regimen in patients with diabetes mellitus[J]. Folia Medica, 2002, 44(3): 20–23.

[35] Kim B, Park Y, Wegner C J, et al. Polyphenol-

rich black chokeberry (Aronia melanocarpa)extract regulates the expression of genes critical for intestinal cholesterol flux in caco-2 cells[J]. The Journal of Nutritional Biochemistry, 2013, 24(9): 1564-1570.

[36] Kardum N, Konić -Ristić A, Šavikin K, et al. Effects of polyphenol-rich chokeberry juice on antioxidant/pro-oxidant status in healthy subjects[J]. Journal of Medicinal Food, 2014, 17(8): 869-874.

[37] Skoczyńska A, Jêdrychowska I, Porêba R, et al. Influence of chokeberry juice on arterial blood pressure and lipid parameters in men with mild hypercholesterolemia[J]. Pharmacological Reports, 2007, 59(1): 177-182.

[38] Kowalczyk E, Fijalkowski P, Kura M, et al. The influence of anthocyanins from Aronia melanocarpa on selected parameters of oxidative stress and microelements contents in men with hypercholesterolemia[J]. Pol Merkur Lekarski, 2005, 19(113): 651-653.

[39] Sikora J, Broncel M, Mikiciuk-Olasik E. Aronia melanocarpa elliot reduces the activity of angiotensin i-converting enzyme-in vitro and ex vivo studies[J]. Oxidative Medicine and Cellular Longevity, 2014, 2014(7): 739721.

[40] Kim J H, Auger C, Kurita I, et al. Aronia melanocarpa juice, a rich source of polyphenols, induces endothelium-dependent relaxations in porcine coronary arteries via the redox-sensitive activation of endothelial nitric oxide synthase[J]. Nitric Oxide, 2013, 35: 54–64.

[41] Ciocoiu M, Badescu L, Miron A, et al. The involvement of a polyphenol-rich extract of black chokeberry in oxidative stress on experimental arterial hypertension[J]. Evidence-Based Complementary and Alternative Medicine, 2013, 2013(1): 912769.

[42] Kowalczyk E, Kopff A, Fijałkowski P, et al. Effect of anthocyanins on selected biochemical parameters in rats exposed to cadmium[J]. Acta Biochimica Polonical, 2003, 50(2): 543–548.

[43] Broncel M, Koziróg-Kołacińska M, Grzegorz A, et al. Effect of anthocyanins from Aronia melanocarpa on blood pressure, concentration of endothelin-1 and lipids in patients with metabolic syndrome[J]. Pol Merkur Lekarski, 2007, 23(134): 116–119.

[44] Poreba R, Skoczynska A, Gac P, et al. Drinking of chokeberry juice from the ecological farm Dzieciolowo and distensibility of brachial artery in men with mild hypercholesterolemia[J]. Annals

of Agricultural and Environmental Medicine, 2009, 16(2): 305–308.

[45] Joanna M S, Barbara K, Marzena K K, et al. The influence of anthocyanins from Aronia melanocarpa on platelet aggregation in patients with metabolic syndrome[OL]. On-line Journal of Zjazd Polskiego Towarzystwa Biochemicznego, 2009. http: // science24.com/paper/10824.

[46] Loo B M, Erlund I, Koli R, et al. Consumption of chokeberry (Aronia mitschurinii) products modestly lowered blood pressure and reduced low-grade inflammation in patients with mildly elevated blood pressure[J]. Nutrition Research, 2016, 36(11): 1222–1230.

[47] Kardum N, Milovanović B, Šavikin K, et al. Beneficial effects of polyphenol-rich chokeberry juice consumption on blood pressure level and lipid status in hypertensive subjects[J]. J Med Food, 2015, 18(11): 1231–1238.

[48] Petrovic S, Arsic A, Glibetic M, et al. The effects of polyphenol-rich chokeberry juice on fatty acid profiles and lipid peroxidation of active handball players: results from a randomized, double-blind, placebo-controlled study[J]. Can J Physiol Pharmacol, 2016,

94(10): 1058–1063.

[49] Xie L Y, Vance T, Kim B, et al. Aronia berry polyphenol consumption reduces plasma total and low-density lipoprotein cholesterol in former smokers without lowering biomarkers of inflammation and oxidative stress: a randomized controlled trial [J]. Nutrition Research, 2017, 37: 67–77.

[50] Kardum N, Petrović-Oggiano G, Takic M, et al. Effects of glucomannan-enriched, Aronia juice-based supplement on cellular antioxidant enzymes and membrane lipid status in subjects with abdominal obesity [J]. Scientific World Journal, 2014, 2014 (4): 869250.

[51] Pawłowicz P , Wilczyński J , Stachowiak G, et al. Administration of natural anthocyanins derived from chokeberry retardation of idiopathic and preeclamptic origin. Influence on metabolism of plasma oxidized lipoproteins: the role of autoantibodies to oxidized low density lipoproteins [J]. Ginekologia Polska, 2000, 71(8): 848–853.

[52] Yaneva M P, Botushanova A D, Grigorov L A, et al. Evaluation of the immunomodulatory activity of Aronia in combination with apple pectin in patients with breast cancer undergoing postoperative radiation therapy [J]. Folia Med., 2002, 44(1–2): 22–25.

[53] Pawłowicz P, Stachowiak G, Bielak A. et al. Administration of natural anthocyanins derived from chokeberry (aronia melanocarpa) extract in the treatment of oligospermia in males with enhanced autoantibodies to oxidized low density lipoproteins (oLAB). The impact on fructose levels[J]. Ginekologia Polska, 2001, 72(12): 983–988.